研究生规划教材

光化学基础与应用

李　晔　编

化学工业出版社

·北京·

光化学是一门综合性很强的物理化学方面的课程，本书的编写是在让学生掌握光化学的基本概念以后，扩大学生的知识面。由面到点，先让学生对光化学的基本原理有个大概了解，再具体深入到不同的学科领域。不求面面俱到，但求使学生掌握牢固的基础知识和开阔他们的眼界。本书包括：总论、光和光化学技术基础、激发态的产生及物理特性、辐射跃迁、无辐射跃迁、能量转移和电子转移、光化学反应、激光简介、分子光谱的时间分辨和空间分辨、自然界中神奇的分子卟啉、光合作用和太阳能利用、光动力疗法、发光材料简介。

本书按照研究生课时教学要求设计编写，配合 36 个学时的教学，语言通俗易懂，是光化学初学者的入门读物。适合作为化学、化工、物理、生物、材料等专业的研究生和化学理科专业的高年级本科生教材。

图书在版编目（CIP）数据

光化学基础与应用/李晔编 . —北京：化学工业出版社，2010. （2024.9 重印）
研究生规划教材
ISBN 978-7-122-08520-7

Ⅰ. 光… Ⅱ. 李… Ⅲ. 光化学 Ⅳ.O644.1

中国版本图书馆 CIP 数据核字（2010）第 084405 号

责任编辑：杨 菁　　　　　　　　　　文字编辑：陈 雨
责任校对：边 涛　　　　　　　　　　装帧设计：杨 北

出版发行：化学工业出版社（北京市东城区青年湖南街 13 号　邮政编码 100011）
印　　装：北京七彩京通数码快印有限公司
787mm×1092mm　1/16　印张 7¼　字数 169 千字　2024 年 9 月北京第 1 版第 3 次印刷

购书咨询：010-64518888　　　　　　　售后服务：010-64518899
网　　址：http://www.cip.com.cn
凡购买本书，如有缺损质量问题，本社销售中心负责调换。

定　　价：35.00 元

前　言

　　光化学是一门综合性很强的物理化学方面的课程，对于研究生而言，只是在上大学物理化学的这门课的时候才略有涉及，但是，即使是化学化工专业的学生都是作为自学内容来要求。经过多次课前问卷调查表明，学生对光化学的基础知识几乎为零。本书的编写是在让学生掌握光化学的基本概念以后，扩大学生的知识面。由面到点，先让学生对光化学的基本原理有个大概了解，再具体深入到不同的学科领域。不求面面俱到，但求使学生掌握牢固的基础知识和开阔他们的眼界。因为研究生的教学特点决定了课堂教学的课时数不是很多。例如，北京科技大学开设的"光化学原理与应用"这门课的学时数仅为36学时。建议学时数分配如下：

　　总论　　　　1学时
　　第1章　　光和光化学技术基础　3学时
　　第2章　　激发态的产生及物理特性　3学时
　　第3章　　辐射跃迁　7学时
　　第4章　　无辐射跃迁　1学时
　　第5章　　能量转移和电子转移　3学时
　　第6章　　光化学反应　3学时
　　第7章　　激光简介　3学时
　　第8章　　分子光谱的时间分辨和空间分辨　2学时
　　第9章　　自然界中神奇的分子卟啉　3学时
　　第10章　　光合作用和太阳能利用　3学时
　　第11章　　光动力疗法　2学时
　　第12章　　发光材料简介　2学时

　　本书按照研究生课时教学要求设计编写，配合36个学时的教学，语言通俗易懂，是光化学初学者的入门读物。适合作为化学、化工、物理、生物、材料等专业的研究生和化学理科专业的高年级本科生教材。本书的出版得到了北京科技大学研究生教育发展基金资助。由于作者水平有限，疏漏和不足在所难免，真诚希望读者给予批评和指正。

目　录

总　　论

0.1　生活中的光化学现象

　　人类开始系统地进行光化学研究已有近百年的历史，然而光化学形成化学的一个新兴分支学科则还不足半个世纪。光化学学科在 20 世纪 60 年代形成后，其发展十分迅速。在光化学形成化学的一个独立分支学科之前，高等学校的光化学课程一直归属于物理化学中动力学的教学内容。20 世纪 60 年代激光的发现和 70 年代初发生的石油危机，大大促进了化学和物理交叉学科的发展。现代光化学或称激发态化学的研究，早已不仅局限于化学和物理领域的交叉，它正在向材料科学、生命科学、环境科学、能源科学，甚至信息科学等诸多高新技术领域渗透，形成诸如生物光化学、环境光化学、光电化学、超分子光化学、光催化和光功能材料等新的分支和边缘学科。因此可以说，光化学现在已经是化学与材料科学、能源科学、生命科学、环境科学等诸多科技领域相关的一门基础学科。按照普遍的定义，光化学是研究物质（原子、小分子）因受光的影响而产生永久性化学效应的一个学科。由于历史的和实验技术方面的原因，光化学所涉及的光的波长范围为 100～1000nm，即由紫外至近红外波段。比紫外波长更短的电磁辐射，如 X 或 γ 射线所引起的光电离和有关化学变化，则属于辐射化学的范畴。至于远红外或波长更长的电磁波，一般认为其光子能量不足以引起光化学过程，因此不属于光化学的研究范畴。近年来观察到有些化学反应可以由高功率的红外激光所引发，将其归属于红外激光化学的范畴。

　　人们对日常生活中的光化学现象早就观察到了。例如，染过色的衣服经光的照射会褪色。这是因为染色衣物经多次水洗和长期日晒，使衣物上的染料发生光分解和光氧化，从而使衣物出现了褪色现象。这种现象不是一蹴而就，而是逐步发生的，其过程是比较复杂的。这正是光化学反应的特点。当阳光照射在染色衣物上时，光能激发了染料分子使之活化。活化的染料分子更容易与其他物质发生反应，例如跟空气中的氧反应，若有水分子的存在则会进一步加剧化学反应的程度。由于染料分子的氧化或还原反应，而使染色衣物发生褪色。如用偶氮染料染色的棉纤维织物经日晒褪色，是因为氧化作用的结果，而用同种染料染色的蛋白纤维织物经日晒褪色，却是还原作用的结果。又如，变色镜片是在普通玻璃中加入了适量的溴化银和氧化铜的微小晶粒。当强光照射时，溴化银分解为银和溴。分解出的银的微小晶粒，使玻璃呈现暗棕色。当光线变暗时，银和溴在氧化铜的催化作用下，重新生成溴化银，于是，镜片的颜色又变浅。具体反应如下：

$$2AgBr \xrightarrow{h\nu} 2Ag + Br_2$$

$$2Ag + Br_2 \xrightarrow{CuO} 2AgBr$$

　　植物受到光照会生长（光合成），即我们常说的光合作用。光合作用是指绿色植物通过叶绿体，利用光能，把二氧化碳和水转化成储存着能量的有机物，并且释放出氧的过程。我们每时每刻都在吸入光合作用释放的氧,我们知道在地球上的生命是依靠太阳的能量生存着,而光合作用是唯一能捕获此能量的重要生物途径。所以,光化学过程是地球上最普遍、最重要的过程之一,不论是通过理论还是实验技术的方法,与光合作用相关的光化学研究一直是一个极活跃的领域。

0.2　光化学和光物理

了解了光化学以后,另一个和光化学休戚相关的名词是光物理。了解具体的光化学过程必须要熟悉激发态的物理性质。所以说它们二者之间互相渗透,互相补充。特别是近 30 年来,由于激光的问世,光学的面貌发生了深刻的变化,光物理的研究内容也从传统的光学与光谱学迅速扩展到光学与物理其他分支学科的交汇点。诸如激光物理、非线性光学、高分辨率光谱学、强光光学和量子光学正不断趋于完善和成熟。有的则正在积累形成新的分支学科,如光子学、超快光谱学和原子光学等。光物理与化学、生物学、医学及生命科学的交叉也越来越广泛和深入。光物理学中的新理论、新概念和新方法已成为激光、光纤通信等高技术产业发展的重要依托。

0.3　光化学反应

我们说光化学是研究光与物质相互作用的科学,如果在光的作用下,物质发生了化学反应我们称为光化学反应。光化学反应与一般热化学反应相比有许多不同之处,主要表现在:加热使分子活化时,体系中分子能量的分布服从玻尔兹曼分布;而分子受到光激活时,原则上可以做到选择性激发,体系中分子能量的分布属于非平衡分布。所以光化学反应的途径与产物往往和基态热化学反应不同,只要光的波长适当,能为物质所吸收,即使在很低的温度下,光化学反应仍然可以进行。

光化学反应系统中光化学过程可分为初级过程和次级过程。初级过程是分子吸收光子使电子激发,分子由基态提升到激发态,激发态分子的寿命一般较短。光化学主要与低激发态有关,激发态分子可能发生解离或与相邻的分子反应,也可能过渡到一个新的激发态上去,这些都属于初级过程,其后发生的任何过程均称为次级过程。分子中的电子状态、振动与转动状态都是量子化的,即相邻状态间的能量变化是不连续的。因此分子激发时的初始状态与终止状态不同时,所要求的光子能量也是不同的,而且要求二者的能量值尽可能匹配。

由于分子在一般条件下处于能量较低的稳定状态,称为基态。受到光照射后,如果分子能够吸收电磁辐射,就可以提升到能量较高的状态,称为激发态。如果分子可以吸收不同波长的电磁辐射,就可以达到不同的激发态。按其能量的高低,从基态往上依次称为第一激发态、第二激发态等,光化学研究中,把高于第一激发态的所有激发态统称为高激发态。

激发态分子的寿命一般较短,而且激发态能级越高,其寿命越短,以致来不及发生化学反应,所以光化学主要与低激发态有关。激发时分子所吸收的电磁辐射能有两条主要的耗散途径:一是和光化学反应的热效应合并;二是通过光物理过程转变成其他形式的能量。

光物理过程可分为辐射弛豫过程和非辐射弛豫过程。辐射弛豫过程是指将全部或部分多余的能量以辐射能的形式耗散掉,分子回到基态的过程,如发射荧光或磷光;非辐射弛豫过程是指多余的能量全部以热的形式耗散掉,分子回到基态的过程。

决定一个光化学反应的真正途径往往需要建立若干个对应于不同机理的假想模型，找出各模型体系与浓度、光强及其他有关参量间的动力学方程，然后考察哪个模型与实验结果的相符合程度最高，以决定哪一个是最可能的反应途径。

光化学反应机理的研究中常用实验方法很多。研究中一般需要结合各种稳态，瞬态的光谱仪器，分析光化学研究反应过程的中间体。如采用同位素示踪原子标记法等方法可以更方便地确定反应历程。在光化学中最早采用的荧光猝灭法仍是一种简单有效的方法。这种方法是通过被激发分子所发荧光，被其他分子猝灭的动力学测定来研究光化学反应机理的。由于吸收什么波长的光往往是由分子中某个基团的性质决定的，所以光化学可以使分子中某特定位置直接发生化学反应，对于那些缺乏选择性热化学反应或者反应发生后的体系被破坏的热化学反应更为可贵。光化学反应的另一特点是用光子作为反应试剂，一旦被反应物吸收后，不会在体系中留下其他新的杂质，因而可以看成是"最纯"的试剂。所以和热化学方法相比，光化学合成方法具有反应速率快、产物单一和副产物少等优点。

光化学反应是自然界十分重要的现象。可以说有光的地方就有光化学反应的发生。地球与行星的大气现象，如大气构成、极光、辐射屏蔽和气候等，均和大气的化学组成与对它的辐照情况有关。处于高空处大气的原子与分子吸收太阳辐射后会发生光化学反应。导致它和在地表上我们熟知的主要由氮气与氧气组成的空气完全不同。

光化学的基本知识在大学教科书中有部分涉及，但是由于这部分内容属于自学内容，研究生考试中也没有相关的考试内容，所以学习之前还应该熟悉一下光化学的如下几个方面最基本内容。

0.4 光化学基本定律

光化学有两条基本定律，光化学第一定律是在 1818 年由 Grotthuss 和 Draper 提出：只有被系统吸收的光才可能产生光化学反应。不被吸收的光（透过的光和反射的光）则不能引起光化学反应。只有为反应所吸收的辐射光，才能有效地产生光化学变化。光化学第二定律是在 1908～1912 年由 Esinstein 和 Stark 提出：在初级过程中，一个光量子活化一个分子。

0.5 量子效率、量子产率和能量转化效率

（1）量子效率

为了衡量一个光量子引致指定物理或化学过程的效率，在光化学中定义了量子效率。量子效率可以定义为生成产物的分子数与吸收的光子数的比值，也可以定义为生成产物的物质的量与吸收光子的物质的量的比值，可以表示如下：

$$\phi = \frac{\text{生成产物的分子数}}{\text{吸收的光子数}} = \frac{\text{生成产物的物质的量}}{\text{吸收光子的物质的量}}$$

量子效率 ϕ 是光化学反应中一个很重要的物理量，可以说它是研究光化学反应机理的敲门砖，可为光化学反应动力学提供许多信息。当 $\phi > 1$，是由于初级过程活化了一个分子，而次级过程中又使若干反应物发生反应。如：$H_2 + Cl_2 \longrightarrow 2HCl$ 的反应，1 个光子引发了一个链反应，量子效率可达 10^6。当 $\phi < 1$，是由于初级过程被光子活化的分子尚未来得及反应，便发生了分子内或分子间的传能过程而失去活性。

（2）量子产率（quantum yield）

$$\phi=\frac{发生反应的分子数}{吸收的光子数}=\frac{发生反应的物质的量}{吸收光的物质的量}$$

由于受化学反应式中计量系数的影响，量子效率与量子产率的值有可能不等。例如，下列反应的量子效率为 2，量子产率却为 1。一般也用符号 ϕ 表示，也有很多书并不区分量子效率和量子产率。

$$2HBr+h\nu \longrightarrow H_2+Br_2$$

（3）能量转化效率

对一定波长的单色光进行的光化学反应，能量转化效率可以表示如下：

$$\eta=\frac{\Delta_r G_m \phi}{E_\nu}$$

式中，$\Delta_r G_m$ 为激发态的吉布斯自由能；ϕ 为将光子转化为化学产物的量子产率；E_ν 为入射光的总辐照度，W/m^2。

值得注意的是光化学反应的量子效率可以小于 1，也可以大于 1。但无论量子效率是小于 1，还是大于 1，其能量转化效率都不能超过 1。

0.6 光化学反应速率的平衡

光化学反应跟热化学反应不同，光化学反应是一个缓慢的过程。从本质上说光化学反应是一个对峙反应。在反应发生的正反两个方向，只要有一个方向是光化学反应，则其平衡即称为光化学平衡。并且光化学平衡的浓度与反应物吸收光的强度成正比。下式为一个简单分子 A 的光聚合反应。A 可以在光照的作用下聚合生成聚合体 A_2，生成的 A_2 也可以分解为 A。A_2 的浓度正比于光照的强度。

$$2A \underset{}{\overset{h\nu}{\rightleftharpoons}} A_2$$
$$[A_2]\propto I_a$$

在光化学反应速率中反应速率常数正比于光强度，也就是说跟吸收光的强度有关。即：$r=kI_a$，其中，I_a 为吸收光速率。在光化反应动力学中，用下式定义光化学反应量子产率更合适：

$$\phi=\frac{r}{I_a}$$

式中，r 为反应速率，用实验测量；I_a 为吸收光速率，用露光计测量。

0.7 光 敏 反 应

有些物质对光不敏感，不能直接吸收某种波长的光而进行光化学反应。如果在反应体系中加入另外一种物质，它能吸收这样的辐射，然后将光能传递给反应物，使反应物发生作用，而该物质本身在反应前后并未发生变化，这种物质就称为光敏剂，又称感光剂。光敏反应就是由光敏剂引发的反应。它的概念有点类似我们熟悉的催化剂。

例如：

$$H_2+h\nu \longrightarrow 2H$$

这个反应可以用 Hg 为光敏剂。

$$CO_2 + H_2O \longrightarrow O_2 + (C_6H_{12}O_6)_n$$

这是我们熟悉的光合作用，反应中叶绿素为光敏剂。

0.8 光化学反应的特点

光化学反应与一般热化学反应相比有许多不同之处，主要表现在：热化学反应中，加热使分子活化时，体系中分子能量的分布服从玻尔兹曼分布。而光化学反应中，分子受到光激活时，原则上可以做到选择性激发（包括能量跃迁值的选择，电子激发态模式的选择等），体系中分子能量的分布属于非平衡分布。所以光化学反应的途径与产物往往和热化学反应不同。只要光的波长适当，能为物质所吸收，即使在很低的温度下，光化学反应仍然可以进行。温度对光化学的影响甚微，可以忽略不计。而热化学反应对温度十分敏感。

光化学反应与热化学反应动力学也不相同。反应物分子活化是通过吸收光量子而实现的。光化学反应的速率及平衡组成与吸收光强度（I_a）有关，有时与反应物浓度无关。温度对光化学反应几乎没影响。热反应的吉布斯自由能 $\Delta G < 0$，而光化学反应的吉布斯自由能可能 $\Delta G > 0$。热化学反应的速率常数 k 比较大，而光化学反应的速率常数 k 很小，有的时候近似于 0。

0.9 光化学的研究简史

光化学的研究是从有机化合物的光化学反应开始的。

18 世纪末期 Hales 首次报道了植物的光合作用，开始研究光与物质相互作用所引起的一些物理变化和化学变化。

1843 年 Draper 报道了 H_2 与 Cl_2 在气相中发生光化学反应的科研成果，并提出了光化学反应第一定律。

1905 年 Einstein 又提出了能量量子化的概念，并且把量子产率应用于光化学中，可以说这时才是系统研究光化学反应的新起点。

诺贝尔奖已经多次授予从事光化学以及和光化学相关研究的科学家。

1915 年，R. 威尔斯泰特，从事植物色素（叶绿素）的研究。

1961 年，M. 卡尔文，揭示了植物光合作用机理。

1986 年，李远哲，在化学动力学、动态学、分子束及光化学方面贡献卓著。

1988 年，J. 戴森霍弗、R. 胡伯尔、H. 米歇尔分析了光合作用反应中心的三维结构。

1992 年，R. A. 马库斯，对溶液中的电子转移反应理论做出了贡献。

1999 年，艾哈迈德-泽维尔利用飞秒光谱学研究化学反应过渡态的实验使用了超短激光技术，即飞秒光学技术。犹如电视节目通过慢动作来观看足球赛精彩镜头那样，他的研究成果可以让人们通过"慢动作"观察处于化学反应过程中的原子与分子的转变状态，从根本上改变了我们对化学反应过程的认识。

2000 年，艾伦. J. 黑格，美国公民，半导体聚合物和金属聚合物研究领域的先锋，目前主攻能够用作发光材料的半导体聚合物，包括光致发光、发光二极管、发光电气化学电池以及激光等。这些产品一旦研制成功，将可以广泛应用在高亮度彩色液晶显示器等许多领域。

0.10　光化学的分支

0.10.1　生物光化学

生物光化学是介于化学、生物学和物理学之间的边缘学科，是研究光在动植物体内所引起的生化现象，它与有机体的生命现象、生长发育规律、各种生理过程、能量来源及光合色素作用等密切相关，同时在生物进化中也发挥重要作用。

0.10.2　光合作用和光辐射

光合作用是由光引起的电子迁移作用，它把来自太阳的辐射能转化为化学能，消耗了二氧化碳和水合成了有机物，并释放出氧气。光合作用涉及两个最关键的光化学反应，即光能的转化和二氧化碳的同化。

0.10.3　环境光化学

环境光化学是研究光在环境中所引起的一系列化学反应现象，它与环境污染、环境保护等密切联系，是环境化学的重要组成部分，是环境科学的一个分支。环境化学三个最基本的研究对象，大气、水、土壤均跟光化学过程有密切的关系。例如：大气污染过程包含着极其丰富而复杂的化学过程，目前用来描述这些过程的综合模型包含着许多光化学过程。如棕色二氧化氮在日照下激发成的高能态分子，是氧与碳氢化合物链反应的引发剂。又如氟碳化物在高空大气中的光解与臭氧屏蔽层变化的关系等，都是以光化学为基础的。氟碳化物在高空大气中的光解与臭氧屏蔽层的变化是当前人们最为关心的环境问题。人类在农业生产中，大量使用化学农药，使得其残留在土壤中造成环境问题。例如：对酰胺类除草剂在水环境中的光降解行为，国内外已有一些学者在详细研究。与水资源保护有关的海洋光化学是海洋化学的重要研究分支，它与海洋生物、海洋环境、海洋地球化学等密切相关。人类科技发展的同时，将大量有害的物质排入海洋。海水中有机物质的光化学反应研究已受到海洋科学工作者的高度重视。如对海洋中常见的污染物，石油、蒽、苯并噻吩、二苯并噻吩酚类有机物的光化学动力学和反应机理。海水表面膜中原油烃组分，在模拟的环境条件下可被光氧化。苯并噻吩作为原油组分中硫杂稠环芳烃的典型化合物，在阳光照射下，苯并噻吩会被氧化成苯并噻吩-2,3-醌，它在水解后失掉 CO，S 发生完全氧化，结果生成了 2-磺基苯甲酸环境光化学。

0.10.4　光催化

光催化反应可以将有机污染物彻底降解成二氧化碳、水或其他有机物，且一般在常温下即可进行，因而其有广阔的应用发展前景。光催化反应一般需要在光催化剂作用下进行，常用的光催化剂是纳米二氧化钛，它因安全无毒、性能稳定、光催化氧化能力强等独特优点而被广泛应用。

综上所述，光化学是一门综合性很强的，涉及生物、材料、化学等领域的基础性学科。

参考文献

［1］ 夏剑初．生物化学简明教程．北京：高等教育出版社，1992：56-60

［2］ 王春霞，彭安，Schmit P H, et al. 环境科学学报，1996，16：270-275．

［3］ 邓南圣，吴峰．环境光化学．北京：化学工业出版社，2003：1-4．

［4］ Hajime Shirayama, Yoshimitsu Tohezo. Water Res, 2000, 35: 1941-1950.

［5］ 王琳，宋国新等．高等学校化学学报，2002，23：1738-1742．

［6］ 王晓，吴洪波，陈建民．环境科学，2005，26（2）：46-49．

［7］ 吴树新，马智，泰永宁等．物理化学学报，2004，20：138-142．

［8］ 陆城，杨平，杜玉扣等．催化学报，2003，24：248-252．

［9］ 任成军，钟本和，周大利等．稀有金属，2004，28（5）：903-906．

［10］ 陈建，光化学研究进展综述．化工时刊，2005，1963：65．

［11］ 姜月顺，李铁津等编．光化学．北京：化学工业出版社，2004．

［12］ 张建成，王夺元等编．现代光化学．北京：化学工业出版社，2006．

［13］ 樊美公，姚建年，佟振合等编．分子光化学与光功能材料．北京：科学出版社，2009．

［14］ 吴世康编．超分子光化学导论基础与应用．北京，科学出版社，2005．

［15］ 康锡惠，刘梅清．光化学原理与应用．天津：天津大学出版社，1984．

［16］ 邓南圣，吴峰．环境光化学．北京：化学工业出版社，2003．

［17］ 曹怡，张建成主编．光化学技术．北京：化学工业出版社，2004．

［18］ 王乃兴，马金石，刘扬著．生物有机光化学．北京：化学工业出版社，2008．

［19］ 吴世康著．高分子光化学导论基础和应用．北京：科学出版社，2003．

［20］ 刘剑波，周福添，宋心琦．光化学（原理技术应用）．北京：高等教育出版社，2005．

［21］ 李善君．高分子光化学原理及应用．上海：复旦大学出版社，2003．

［22］ 胡英．物理化学．北京：高等教育出版社，2007．

［23］ 阿特金斯（Peter Atkins），葆拉（Julio de Paula）．Atkins 物理化学．第 7 版（影印版）．北京：高等教育出版社，2006．

第1章 光和光化学技术基础

1.1 光的研究史

有关光性质的研究已经有 300 多年的历史,它和经典物理学和近代物理学的发展始终是密切相关的。在经典力学中,研究对象总是被明确区分为两类:波和粒子。前者的典型例子是光,后者则组成了我们常说的"物质"。1905 年,爱因斯坦提出了光电效应的光量子概念,人们开始意识到光波同时具有波和粒子的双重性质。所以说光既可看成是显示波动性的电磁波,也可看成是显示微粒性的光量子。1924 年,德布罗意提出"物质波"假说,认为和光一样,一切物质都具有波粒二象性。根据这一假说,电子也会具有干涉和衍射等波动现象,这被后来的电子衍射试验所证实。所以电子、原子、分子等和微观粒子与光子一样亦具有波粒二象性的运动特征。这一特征体现的现象均不能用经典理论来解释,由此人们提出了量子力学理论,这一理论就是本课程的一个重要的基础。与经典物理学不同,对体系物理量变化的最小值没有限制,它们可以任意连续变化。但在量子力学中,物理量只能以确定的大小一份一份地进行变化,具有多大要随体系所处的状态而定。这种物理量只能采取某些分离数值的特征叫做量子化。变化的最小份额称为量子。例如,频率为 ν 的谐振子,其能量不是连续变化的,而是只能以 $h\nu$ 的整数倍变化,欲使其能量改变 $h\nu$ 的百分之几是不可能的。微粒的角动量也是量子化的,其固有量子是 $h/(2\pi)$。量子化是微观体系基本的运动规律之一,它与经典力学是不相容的。

1.2 黑体辐射——能量量子化

任何物体都具有不断辐射、吸收、发射电磁波的本领。辐射出去的电磁波在各个波段是不同的,也就是具有一定的谱分布。这种谱分布与物体本身的特性及其温度有关,因而被称之为热辐射。为了研究不依赖于物质具体物性的热辐射规律,物理学家们定义了一种理想物体——黑体(black body),以此作为热辐射研究的标准物体。所谓黑体是指入射的电磁波全部被吸收,既没有反射,也没有透射(当然黑体仍然要向外辐射)。黑洞也许就是理想的黑体。带有一微孔的空心金属球,非常接近于黑体,进入金属球小孔的辐射,经过多次吸收、反射、使射入的辐射实际上全部被吸收。当空腔受热时,空腔壁会发出辐射,极小部分通过小孔逸出。当时,科学家通过对黑体辐射的研究总结出了若干经验定律。1896 年德国物理学家维恩根据热力学理论,把光看作一种类似于分子的东西,提出了一个经验公式。虽然这个公式在短波领域和试验数据相符,但是在长波领域与试验数据却完全不符。后来,英国物理学家瑞利与金斯根据经典电动力学和经典统计物理学,把光看作是振动着的波的汇集,提出了另一个公式。但这个公式适用于长波领域,并不适用于短波领域。特别值得指出的是,使用这个公式却推导出一个荒谬的结论:在短波紫外光区,理论值随波长的减少而很快增长，以致趋向于无穷大，即在紫色一端发散；这显然与实际不符。因为在一个有限的空腔内，根本不可能存在无限大的能量。1900年12月14日，德国物理学家普朗克为了克服经典物理学对黑体辐射现象解释上的困难，以"正常光谱中能量分布的理论"为题，在德国物理学会上宣布了自己大胆的假设。首先提出了一个能量量子化假设。这是一个与经典物理学基本原理完全对立的假说。根据这一假说，在光波的发射和吸收过程中，发射体和吸收体的能量变化是不连续的，能量值只能取某个最小能量元的整数倍。

1.3 光电效应——光量子

赫兹发现光电子发射后，经典电磁理论无法解释：发射的光电子数与入射光强成比例，但光电子动能与入射光强无关，仅与入射光的频率成正比。爱因斯坦第一个成功地解释了光电效应。金属表面在光辐照作用下发射电子的效应，发射出来的电子叫做光电子。光波长小于某一临界值时方能发射电子，即极限波长，对应的光的频率叫做极限频率。临界值取决于金属材料，而发射电子的能量取决于光的波长而与光强度无关，这一点无法用光的波动性解释。还有一点与光的波动性相矛盾，即光电效应的瞬时性，按波动性理论，如果入射光较弱，照射的时间要长一些，金属中的电子才能积累足够的能量，飞出金属表面。可事实是，只要光的频率高于金属的极限频率，光的亮度无论强弱，光子的产生都几乎是瞬时的，不超过 10^{-9} s。正确的解释是光必定是由与波长有关的严格规定的能量单位（即光子或光量子）所组成。

光电效应里，电子的射出方向不是完全定向的，只是大部分都垂直于金属表面射出，与光照方向无关，光是电磁波，但是光是高频振荡的正交电磁场，振幅很小，不会对电子射出方向产生影响。

1.4 光压——光的粒子性特征

研究彗星时就提出了光辐射应当给被照物一定的压力即光压。彗星尾巴背着太阳就是太阳的光压造成的。1901年，俄国物理学家彼得·尼古拉耶维奇·列别捷夫设计了一个实验，首次发现光压，并且测量了数据。与此同时，美国物理学家尼科尔斯和哈尔也分别用精密实验测定了光的压力。由于光具有粒子性，所以在达到物体上时，根据动量定理，会对此物体产生一定的压力。大量光子长时间作用就会形成一个稳定的压力。光子不仅有能量也有动量，它是物质的一种形式。

1.5 偏 振 光

经典物理指出：由电偶极子振动所产生的光辐射是线偏振光，或称平面偏振光，其中光的电场强度和符号随时间而改变，但电场的方向却不变。实际光源的电矢量永远垂直于光的传播方向，但取向随时间是无规则变化的。自然光、太阳辐射、各种非相干辐射源所产生的光都是这样的。

偏振光的产生要经历一个起偏过程：使光束产生某种形式的不对称性并选择某种偏振态。实验中需要一个仪器起偏器，起偏器都是基于二向色性（或选择吸收）、反射、散射及双折射四种物理机制之一而产生起偏作用的。常用的起偏器是偏振片。二向色性的有机晶体，如硫酸碘奎宁，电气石或聚乙烯醇薄膜在碘溶液中浸泡后，在高温下拉伸，烘干，然后粘在两个玻璃片之间就形成了偏振片。它有一个特定的方向，只让平行于该方向的振动通过，这一方向称为透振方向。通过偏振片可以获得线偏振光。偏振片也可以用来检验某一束光是否为偏振光，方法是转动偏振片，观察透射光强度的变化，如果是自然光，透射光强度不会发生变化。反过来如果是偏振光，则透射光强度会发生变化。偏振片的工作原理如图1-1 所示：

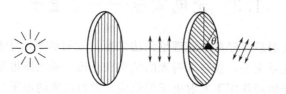

图 1-1　起偏器中偏振片的工作原理

1.6　光 学 光 谱 区

光学光谱区由红外线经过可见光到紫外线这一频段即为光学光谱区，它仅是宽广的电磁波谱的一个小频段。见图 1-2。

光学光谱区各频段的性质如下。

红外线频率范围：$3 \times 10^{11} \sim 4 \times 10^{14}$ Hz。任何物质都可以吸收和辐射红外线。

可见光谱范围：$3.84 \times 10^{14} \sim 7.69 \times 10^{14}$ Hz。可见光一般由原子和分子中的外层电子重新排列而产生，植物光学作用、生物视觉都是利用了可见光。

紫外线波段范围：$8 \times 10^{14} \sim 3 \times 10^{17}$ Hz（光子能量 $3.2 \sim 1.2 \times 10^3$ eV）。光子能量与许多化学反应的能量在同一量级，大气中的臭氧吸收掉太阳小于 300nm 的紫外辐射。

电磁波谱其他频段光的性质如下。

射频波段高频端用于电视和无线电广播。

微波由原子内层电子跃迁产生（30cm～1mm）可以穿透大气。

高频段包括了 X 射线、γ 射线等。

1.7　光 子 能 量 单 位

光子能量单位可以有如下几个表示方法。

波数：每厘米长度内波的数目称为波数。

电子伏特：一个电子伏特表示一个电子在一伏特电位降的场中所获能量。

$$1eV = 8066 cm^{-1} \approx 23kcal/m \approx 97kJ/mol$$

1.8　各 种 光 源

1.8.1　光源的作用和种类

光化学研究中光既是能量的来源，也是研究光化学反应动力学的信息源。光源可分为两

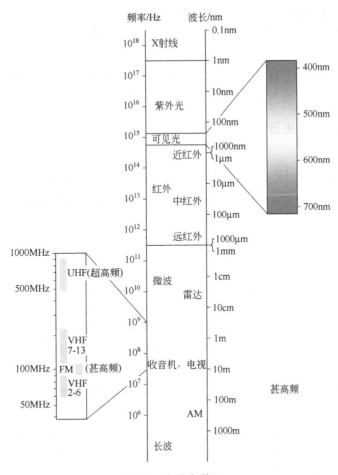

图 1-2　光学光谱区

大类：非相干辐射源和相干辐射源。非相干辐射源：黑体、太阳、白炽灯、普通的气体放电灯、脉冲闪光灯等。相干辐射源：各类连续工作和脉冲工作的激光器。

1.8.2　常用非相干辐射源能谱分布

各种非相干光源所辐射的都不是单色光。属热辐射类型的黑体、太阳、白炽灯都具有连续光谱。

（1）太阳光

太阳平日所放出来的光谱主要来自太阳表面热力学温度约 6000℃ 的黑体辐射光谱，可见光的波长范围在 770～390nm。波长不同的电磁波，引起人眼的颜色感觉不同。770～622nm 的光，感觉为红色；622～597nm 的光，感觉为橙色；597～577nm 的光，感觉为黄色；577～492nm 的光，感觉为绿色；492～455nm 的光，感觉为蓝靛色；455～390nm 的光，感觉为紫色。

（2）白炽灯

白炽钨丝灯所辐射的连续谱和黑体辐射相近，适合于产生可见光。如要得到足够强度的紫外波段的光，其工作温度往往需要非常高，可在灯中加入少量的碘。

（3）电弧灯

有些气体放电灯可提供能量基本集中在某几个窄带或谱线区的光。主要有高压汞灯，低压汞灯，脉冲式高压氙灯（用于光解反应或作为激光的光泵）。

（4）激光

它的特性是高单色性，脉冲宽度可以很窄，适合于时间分辨，短脉冲可产生高峰值功率。光束面积小，峰值光强可很高，高方向性，空间相干性，后面要详细介绍。

1.8.3 市场上常见的光源

（1）溴钨灯

由直流 12V 稳压电源供电，结构紧凑，光能强，是理想的可见-近红外光源。与 WGD-3，WGD-4 型光栅光谱仪配套，也可以单独使用，对物质进行吸收光谱和荧光光谱分析。

（2）氘灯，溴钨灯

专用电源装置保证了氘灯和溴钨灯的稳定供电，两种灯可随意转换，结构紧凑、聚焦性能好，是紫外-可见-近红外的理想光源，与 WGD-3 型光栅光谱仪配套，也可单独使用，对物质进行吸收光谱和荧光光谱分析。

（3）红外光源（瓷土棒）

专用于 $4000 \sim 400 cm^{-1}$ 波段的特种光源。由专用电源供电，配有聚光和调制装置，与 WGD-4 型光栅光谱仪组合，可测定红外辐射源和物质的红外吸收光谱。

（4）低压汞灯

指汞蒸气压力为 $1.3 \sim 13 Pa(0.01 \sim 0.1 mmHg)$，主要发射波长在紫外区的 253.7nm（0.01mmHg），相当于能量为 471.0kJ/mol（112.5kcal/mol），占灯的总能量 70% 的汞蒸气弧光灯。25℃时，该灯的主射线为 253.7nm 和 184.9nm。低压汞灯光强低，光固化速度慢，但发热量小，不需冷却就可使用，在印刷制版上用得较多。主要用作杀菌灯、荧光分析、光谱仪波长基准。这类灯又称灭菌灯，主要分为冷阴极辉光放电灯和热阴极弧光放电灯。

（5）钠灯

利用钠蒸气放电产生可见光的电光源。钠灯又分低压钠灯和高压钠灯。低压钠灯的工作蒸气压不超过几个帕。低压钠灯的放电辐射集中在 589.0nm 和 589.6nm 的两条双 D 谱线上，它们非常接近人眼视觉曲线的最高值（555nm），故其发光效率极高，目前已达到 200 流明瓦，成为各种电光源中发光效率最高的节能型光源。高压钠灯的工作蒸气压大于 0.01MPa。高压钠灯是针对低压钠灯单色性太强，显色性很差，放电管过长等缺点而研制的。高压钠灯又分普通型（标准型），其发光效率为 130 流明瓦，显色指数 $Ra=25$；改进型，其发光效率为 75 流明瓦，显色指数 $Ra=60$；高显色型，其发光效率为 $45 \sim 60$ 流明瓦，显色指数 $Ra=80 \sim 85$。钠灯产生的是黄光，其主要应用场合为：道路、机场码头、港口、车站、广场、无显色要求的工矿照明等。在功能性照明领域，现今节能光源产品，如无极灯和 LED 灯，仍然处于技术发展阶段，钠灯还将是这类照明场所的主流产品。

（6）亮度可调溴钨灯

亮度可调溴钨灯（稳压）用于物理实验作为白光源，可随意调节亮度，还可通过毛玻璃产生漫反射。

（7）多组放电灯

氦氖氢氩四多组放电灯光源，大学实验教学中使用比较多，其光谱可作为标准波长用于波长定标。

（8）氢灯

氢灯光谱 410.2nm、434.0nm、486.1nm、656.3nm 谱线可用于波长定标，广泛用于大学物理实验室，是氢光谱实验的必备光源。

（9）高压球形汞灯

这是一种仪器用的强弧光放电汞灯，管内气体的压力高，发光效率也高。所以它的功率大、亮度高，可辐射出很强的紫外和可见光光谱，其功率为 200W。可用于荧光分析的激光发光。

（10）高压球形氙灯

球形氙灯也称超高压短弧氙灯，灯内充有高气压氙气，在高频高压激发下形成弧光放电。它是发光点很小的点光源，放射出从紫外到近红外射线，产生强烈连续光谱。

（11）氢氘灯

适用于各大学光谱实验，可用于标定波长，其主要谱线为

氢：656.28nm、486.13nm、434.05nm、410.18nm；

氘：656.11nm、486.01nm、433.93nm、410.07nm。

（12）溴钨灯

溴钨灯经过光学系统形成近似平行光束，在灯箱处可附加各种光栏。箱体一侧有圆毛玻璃窗，成为一个面光源。光强可调节。

（13）高压汞灯

高压汞灯是玻壳内表面涂有荧光粉的高压汞蒸气放电灯，柔和的白色灯光，结构简单。低成本，低维修费用，可直接取代普通白炽灯，具有光效长，寿命长，省电经济的特点，适用于工业照明、仓库照明、街道照明、泛光照明、安全照明等。高压汞灯发出的光中不含红色，它照射下的物体发青，因此只适于广场、街道的照明。

1.8.4 激光光源

在光化学中应用最广的激光光源是可调谐激光器，又称波长可变激光器或调频激光器。它所发出的激光，波长可连续改变，是理想的光谱研究用光源，可调激光器的波长范围在真空紫外的 118.8nm 至微波的 8.3mm 之间。可调激光器分为连续波和脉冲两种：脉冲激光的单色性比一般光源好，但其线宽不能低于脉宽的倒数值，分辨率较低。

例如：He-Ne 激光器。He-Ne 激光是人类发明最早的激光器之一，也是现在应用较广的一种激光器。He-Ne 激光器中工作物质是氦气和氖气，其中氦气为辅助气体，氖气为工作气体。产生激光的是氖原子，不同能级的受激辐射跃迁将产生不同波长的激光，主要有 632.8nm、$1.15\mu m$ 和 $3.39\mu m$ 三个波长。激光管的中心是一根毛细玻璃管，称为放电管（直径为 1mm 左右）；放电管内充入总气压约为 2Torr（1Torr＝133.322Pa）的氦气和氖气的混合气体，其混合气压比为 $5:1\sim7:1$ 左右。氦原子有两个亚稳态能级 $21s_0$、$23s_1$，它们的寿命分别为 $5\times10^{-6}s$ 和 $10^{-4}s$，气体放电管在电场中加速使获得一定动能的电子与氦原子碰撞，并将氦原子激发到 $21s_0$、$23s_1$，此两能级寿命长容易积累粒子。因而，在放电管中这两个能级上的氦原子数是比较多的。这些氦原子的能量又分别与氖原子处于 3s 和 2s 态的能量相近。处于 $21s_0$、$23s_1$ 能级的氦原子与基态氖原子碰撞后，发生能量传递给氖原子，使它们从基态跃迁到 3s 和 2s 态，由于氖原子的 2p、3p 态能级寿命较短，这样氖原子在能级 3s－3p、3s－2p、2s－2p 间形成粒子数反转分布，从而发射出 $3.39\mu m$、632.8nm、

1.15μm 三种波长的激光。

1.8.5　同步辐射光源

所谓同步辐射，是由以接近光速运动的电子在磁场中做曲线运动改变运动方向时所产生的电磁辐射，其本质与我们日常接触的可见光和 X 射线一样，都是电磁辐射。由于这种辐射是 1947 年在同步加速器上被发现的，因而被命名为同步辐射（synchrotron radiation）。

同步辐射具有常规光源不可比拟的优良性能。具体表现在宽波段：同步辐射光的波长覆盖面大，具有从远红外、可见光、紫外直到 X 射线范围内的连续光谱，并且能根据使用者的需要获得特定波长的光。同步辐射光源具有如下几个优点。高准直：同步辐射光的发射集中在以电子运动方向为中心的一个很窄的圆锥内，张角非常小，几乎是平行光束，堪与激光媲美。高偏振：从偏转磁铁引出的同步辐射光在电子轨道平面上是完全的线偏振光，此外，可以从特殊设计的插入件得到任意偏振状态的光。高纯净：同步辐射光是在超高真空中产生的，不存在任何由杂质带来的污染，是非常纯净的光。高亮度：同步辐射光源是高强度光源，有很高的辐射功率和功率密度，第三代同步辐射光源的 X 射线亮度是 X 光机的上千亿倍。窄脉冲：同步辐射光是脉冲光，有优良的脉冲时间结构，其宽度在 $10^{-11} \sim 10^{-8}$ s（几十皮秒至几十纳秒）之间可调，脉冲之间的间隔为几十纳秒至微秒量级，这种特性对"变化过程"的研究非常有用，如化学反应过程、生命过程、材料结构变化过程和环境污染微观过程等。同步辐射光的光子通量、角分布和能谱等均可精确计算，因此它可以作为辐射计量，特别是真空紫外到 X 射线波段计量的标准光源。此外，同步辐射光还具有高度稳定性、高通量、微束径、准相干等独特而优异的性能。同步辐射光源自 1947 年诞生以来，至今已有 60 余年的历史。随着应用研究工作不断深入，应用范围不断拓展，同步辐射光源经历了三代快速历史发展阶段。第一代同步辐射光源是寄生于高能物理实验专用的高能对撞机的兼用机，如北京光源（BSR）就是寄生于北京正负电子对撞机（BEPC）的典型第一代同步辐射光源；第二代同步辐射光源是基于同步辐射专用储存环的专用机，如合肥国家同步辐射实验室（HLS）；第三代同步辐射光源是基于性能更高的同步辐射专用储存环的专用机，如上海光源（SSRF）。

同步辐射光源可以提供真空紫外光。真空紫外光可以引发高能过程，包括高激发态和光电离过程。在光源的前面加各种滤光片、干涉滤光片、使用有光栅单色仪的分光仪器等，就可以获得单色辐射光。同步辐射光源已经成为材料科学、生命科学、环境科学、物理学、化学、医药学、地质学等学科领域的基础和应用研究的一种最先进的、不可替代的工具，并且在电子工业、医药工业、石油工业、化学工业、生物工程和微细加工工业等方面具有重要而广泛的应用。

1.9　光强的测量

大多数实验室采用相对的测量方法，和实验室里光谱能量分布已知的标准光源（例如绝对黑体、标准灯或同步辐射器）进行比较。

物理方法：用光辐射探测器，常用的有热探测器（如真空热电堆）、光电池、光电倍增管（光阳极表面具有选择吸收特性）。热堆：测量前后结点间产生的电热差并与温度对应，缺点为对室温有很大的敏感性。光电池：容易带来噪声问题。光电倍增管：比较适合弱光的检测。

化学方法：使用化学露光计，选择对不同波长的光所发生的光敏感反应，可以设计测定不同波长强度的仪器，这种设备称为化学露光计。常用试剂是草酸铁钾 $[K_3Fe(C_2O_4)_3 \cdot 3H_2O]$ 和草酸双氧铀。它主要是测定光源的紫外线辐射强度。其原理是以硫酸双氧铀存在下水溶液的草酸受光作用而发生分解的现象为依据，而其分解速度本质上与光源强度及总辐射量成正比。

1.10　光化学反应的实验装置

光化学反应的实验装置一般称为光化学反应器。其原理图见图1-3。

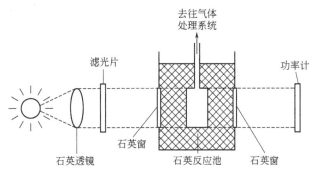

图 1-3　光化学反应的实验装置

主体部分包括石英反应池、光源、光源电气控制器、玻璃反应器皿、冷却水循环装置、反应产生的气体吸收装置、磁力搅拌器等。光源发出的光经聚焦、滤光、穿过反应装置后由光电池等检测反应器中的吸光度。

1.11　光化学中间体

光化学中间体包括：原子、自由基和离子等因光照而产生的碎片等物种；这些碎片的激发态；吸光物质产生的激发态以及它参与的荧光、磷光及无辐射跃迁等过程。光学光谱技术，特别在可见和紫外波段范围内通常是检测光化学中间体的最灵敏和最有效方法之一。光谱技术包括发光、吸收、激光拉曼光谱、光电离方法、磁共振技术和激光光谱学（laser spectroscopy）。特别要提到的是激光光谱学，是以激光为光源的光谱技术，激光具有单色性好、亮度高、方向性强和相干性强等特点，激光的出现使原有的光谱技术在灵敏度和分辨率方面得到很大的提高。激光光谱采用强度极高、脉冲宽度极窄的激光，使得对多光子过程、非线性光化学过程以及分子被激发后的弛豫过程的观察成为可能。激光光谱可以用来研究光与物质的相互作用，从而辨认物质和所在体系的结构、组成、状态及其变化。激光光谱学目前已成为与物理学、化学、生物学及材料科学等密切相关的研究领域。

参考文献

[1]　张三慧. 大学物理学：热学、光学、量子物理. 第3版. 北京：清华大学出版社，2009.

[2] 姜月顺，李铁津等编．光化学．北京：化学工业出版社，2004.

[3] 张建成，王夺元等编．现代光化学．北京：化学工业出版社，2006.

[4] 樊美公，姚建年，佟振合等编．分子光化学与光功能材料．北京：科学出版社，2009.

[5] 吴世康编．超分子光化学导论——基础与应用．北京：科学出版社，2005.

[6] 康锡惠，刘梅清．光化学原理与应用．天津：天津大学出版社，1984.

[7] 邓南圣，吴峰编，环境光化学．北京：化学工业出版社，2003.

[8] 曹怡，张建成主编．光化学技术．北京：化学工业出版社，2004.

[9] 王乃兴，马金石，刘扬著．生物有机光化学．北京：化学工业出版社，2008.

[10] 吴世康著．高分子光化学导论基础和应用．北京：科学出版社，2003.

[11] 刘剑波，周福添，宋心琦．光化学（原理技术应用）．北京：高等教育出版社，2005.

[12] 李善君．高分子光化学原理及应用．上海：复旦大学出版社，2003.

[13] 胡英．物理化学．北京：高等教育出版社，2007.

[14] 阿特金斯（Peter Atkins），葆拉（Julio de Paula），Atkins 物理化学．第 7 版（影印版）．北京：高等教育出版社，2006.

第 2 章　激发态的产生及物理特性

2.1　分子轨道理论和光化学

光化学是研究在紫外或者可见光作用下进行的化学反应的一门学科，近 30 年来得到了迅速的发展。激光和光谱技术的不断发展为研究光化学过程提供了实验手段。分子轨道理论又使得人们对光化学反应的机理有了更深刻的认识。因此，光化学的学习离不开分子轨道理论。

2.1.1　分子轨道理论简介

分子轨道理论是基于量子力学的理论，该理论十分复杂，计算工作量也特别大，但由于计算机的飞速发展，目前这种理论在计算化学上应用相当普遍。该理论能够通过计算来表征出分子结构和各种化学性质，为了后续的学习，本章只进行分子轨道理论的简单介绍。

2.1.2　分子轨道理论的要点

分子轨道是由原子轨道经线性组合而成，它与原子轨道的数量相等。分子轨道的数目与参与组合的原子轨道数目相等。H_2 中的两个 H 有两个 Ψ_{1s}，可组合成两个分子轨道。当两个原子轨道结合形成一个分子轨道时，参与成键的两个电子并不是定域在自己的原子轨道上，而是跨越在两个原子周围的整个轨道（分子轨道）上的。原子轨道和分子轨道都是电子波函数的描述。

2.1.3　原子轨道只有满足三个条件才能组成分子轨道

① 对称性匹配：原子轨道必须具有相同的对称性才能组合成分子轨道。

② 能量相近：能量相近的两个原子轨道可以组成两个分子轨道（成键轨道和反键轨道），成键轨道能量低，反键轨道能量高。见图 2-1。

注意：能量相近不一定要两个原子的 1s 与 1s 相近，例如 HF，H 的 1s 轨道能量与 F 的 2p 轨道能量相近。

③ 最大重叠原理：能量相近的原子轨道才能组合成有效的分子轨道。

两个原子轨道的最大重叠，可使形成的轨道能量低，对于表示电子轨道运动的积分，其值与始态和终态空间函数的重叠及对称性有关，始态和终态空间函数的空间重叠越大，积分项越大，此积分值越大，也就越稳定。见图 2-2。

2.1.4　电子在分子轨道上排布要遵循三原则

三原则就是我们熟悉的保利不相容原理、能量最低原理和洪特规则。分子轨道的形成可以清楚地用图 2-3 表示出来。

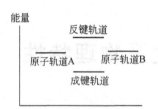

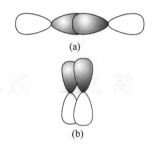

图 2-1　能量相近的两个原子轨道
组成两个分子轨道示意图

图 2-2　（a）p_x 轨道与 p_x 轨道头对头相互重叠；
（b）p_x 轨道与 p_x 轨道肩并肩相互重叠

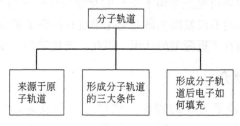

图 2-3　分子轨道形成的简单表示

2.1.5　关于轨道的对称性

（1）原子轨道与分子轨道的对称性

一个原子轨道，取 x 轴作为旋转轴，旋转 $180°$，如轨道不变，则为 σ 对称；如轨道的符号改变，则为 π 对称。

如：p_y，p_z，d_{xy}，是 π 对称。见图 2-4。

如：s，p_x，$d_{x^2-y^2}$ 为 σ 对称。见图 2-5。

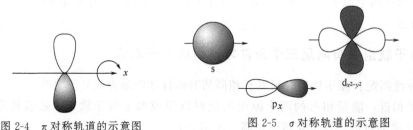

图 2-4　π 对称轨道的示意图　　　　　　图 2-5　σ 对称轨道的示意图

（2）分子轨道的对称性

只有对称性相同的两个原子轨道才能组成分子轨道，叫对称性匹配。

σ 对称的如 s—s，s—p_x，p_x—p_x，s—$d_{x^2-y^2}$，组成的键叫 σ 键；它是由 σ 对称的原子轨道组成。p_y—p_y，p_z—p_z 组成的键叫 π 键，它是由 π 对称的原子轨道组成。

两个相等的原子轨道 Ψ_A 和 Ψ_B 相互作用后可形成两个分子轨道，写成方程如下：

$$\Psi_1 = \Psi_A + \Psi_B$$

$$\Psi_2 = \Psi_A - \Psi_B$$

其中，一个分子轨道是成键的，能量比原来的原子轨道更低，因此更稳定；而另一个分子轨道是反键的，能量比原来的原子轨道高。成键轨道记作 σ，称 σ 键。反键轨道记作 σ^*，称 σ^* 键。成键轨道的 π 轨道和反键 π^* 轨道情况类似。

【例1】 H_2 的分子轨道能级图（图2-6）

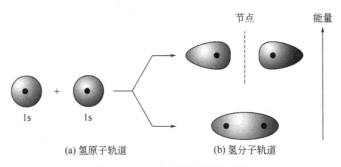

(a) 氢原子轨道　　　　(b) 氢分子轨道

图2-6　H_2 的分子轨道能级图

用分子轨道理论可以理解 He 为什么不能形成双原子分子，而 H 可以形成双原子分子。图2-7 为 He_2 和 H_2 的分子轨道能级图。

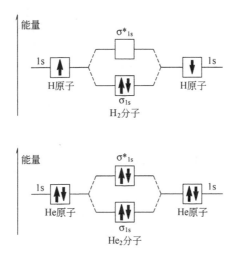

图2-7　He 不能形成双原子分子，而 H 可以形成双原子分子

He 有两个 1s 电子，如形成 He_2，则两个 1s 轨道能形成 $(\sigma 1s^2)$，$(\sigma * 1s^2)$，成键与反键相抵消，总能量没有下降，故不能形成双原子分子。

（3）对称性相同的原子轨道组成分子轨道

见图2-8。

通常，如果参与成键的电子有 $2n$ 个，就有 $2n$ 个分子轨道（n 个成键轨道和 n 个反键轨道）。在光化学反应中，人们感兴趣的分子轨道有五种类型：非键电子的 n 轨道；π键电子的 π 轨道；σ键电子的 σ 轨道；反键的 π* 反键轨道和反键 σ* 轨道。

① 单键的成键轨道是 σ 轨道，

② 双键的成键轨道除了一个 σ 轨道外，还有一个能级较高的 π 轨道。

③ O、N 等原子周围的孤电子轨道是 n 轨道。

（4）分子轨道分布的特点（对称性）

如图2-9所示，成键的 σ 轨道对于中心的反演是对称的，而反键轨道对于中心反演是反对称的。

如图2-10所示，成键的 π 轨道对于中心的反演是反对称的，而反键轨道对于中心反演是对称的。

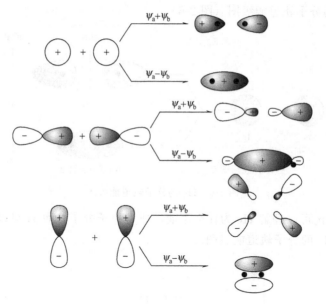

图 2-8　对称性相同的原子轨道组成分子轨道示意图

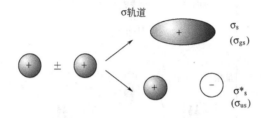

图 2-9　成键的 σ 轨道对于中心的反演是对称的，
而反键轨道对于中心反演是反对称的

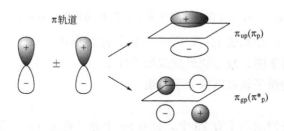

图 2-10　成键的 π 轨道对于中心的反演是反对称的，
而反键轨道对于中心反演是对称的

　　一般用符号 g 表示是中心对称的，符号 u 表示是中心反对称的。

2.2　激发态的产生

2.2.1　构造原理

　　电子在原子或分子中排列分布所遵循的原理包括：能量最低原理、保利（Pauli）不相容原理和洪特（Hund）规则。

能量最低原理：自然界一个普遍的规律是"能量越低越稳定"。原子中的电子也是如此。在不违反保利原理的条件下，电子优先占据能量较低的原子轨道，使整个原子体系能量处于最低，这样的状态是原子的基态。

保利（Pauli）不相容原理：在一个原子中没有两个或两个以上电子具有完全相同的四个量子数（在主量子数 n、角量子数 l、磁量子数 ml、自旋磁量子数 ms 表象中的表达）。或者说一个原子轨道上（主量子数 n、角量子数 l、磁量子数 ml 相同时）最多只能排两个电子，而且这两个电子自旋方向必须相反。

洪特规则：在能量相等的轨道上，自旋平行的电子数目最多时，原子的能量最低。所以在能量相等的轨道上，电子尽可能自旋平行地多占不同的轨道。

2.2.2　光和分子的相互作用

现代光学理论认为，光具有波粒二象性。光的微粒性是指光有量子化的能量，这种能量是不连续的。光的最小能量微粒称为光量子，或称光子。光的波动性是指光线有干涉、衍射和偏振等现象，具有波长和频率。光的波长 λ 和频率 ν 之间有如下的关系：

$$\nu = c/\lambda$$

其中 c 为光在真空中的传播速度（$2.998 \times 10^8 \text{m/s}$）。

光是电磁波的一部分，可用在相互垂直的平面内以正弦波的方向振动，其能量可表示为：

$$E = h\nu$$

其中 h 为普朗克常数；ν 是频率。

原子或分子中的电子同样具有波动性，可与光波相互作用，其相互作用分为电场相互作用和磁场相互作用

$$F = e\varepsilon + \frac{e[Hv]}{c} \approx e\varepsilon$$

e 是一个电子所具有的电荷，ε 是电场强度，H 是磁场强度，v 是电子运动的速度。由于光速远大于电子运动的速度。故光波与电子的相互作用 F 主要由电场力 $e\varepsilon$ 项所决定，磁场力通常要小得多。原子或原子团的直径通常为 $2 \sim 10$Å（1Å$=0.1$nm），通过如下简单的计算我们可以知道可见光与分子的相互作用时间——即光波通过原子团的时间大约为 10^{-18} s。例如设原子的直径是 3Å，即，3×10^{-10} m，光速是 3×10^8 m/s，所以作用时间是：$t = L/c = 1 \times 10^{-18}$ s。

这个时间较有机分子最快的运动 C—H 键的伸缩运动所需要的时间还短。C—H 键的伸缩运动的频率为 10^{13} s^{-1}。所以完成一次伸缩运动所需要的时间为 10^{-13} s。

而电子在玻尔轨道上做一次循环运动所需要的时间是 10^{-15} s，即在光和分子发生相互作用的时间内，分子的构型来不及改变，但对于电子完成轨道跳跃却有足够的时间保证。

基态分子中的电子处于尽可能低的轨道中，要使电子从低能轨道跃迁到高能轨道，光波必须赋予电子足够的能量。激发一个电子所需要的能量为：

$$\Delta E = E_2 - E_1 = h\nu = \frac{hc}{\lambda}$$

或

$$\lambda = \frac{hc}{\Delta E}$$

E_1 和 E_2 分别是电子跃迁前后所占据的轨道的能量，ν 和 λ 是光波的频率与波长。

2.2.3　几个重要的光化学定律

（1）Grothus-Draper 定律

只有被反应体系吸收的光才能引起光化学反应。这也被称为光化学第一定律。这一定律指出，照射光在能量或波长上必须满足反应体系中分子激发的条件要求并被分子所吸收，否则将不能被体系所吸收和产生光化学反应。

（2）Stark-Einstein 定律

1908 年由斯达克（Stark）和 1912 年由爱因斯坦（Einstein）对光化学反应做了进一步研究之后，提出了 Stark-Einstein 定律，即光化学第二定律。该定律可表述为：一个分子只有在吸收了一个光量子之后，才能发生光化学反应。光化学第二定律的另一表达形式为：吸收了一个光量子的能量，只可活化一个分子，使之成为激发态。现代光化学研究发现，在一般情况下，光化学反应是符合这两个定律的。但亦发现有不少实际例子与上述定律并不相符。如用激光进行强烈的连续照射所引起的双光量子反应中，一个分子可连续吸收两个光量子。而有的分子所形成的激发态则可能将能量进一步传递给其他分子，形成多于一个活化分子，引起连锁反应，如苯乙烯的光聚合反应。因此，爱因斯坦又提出了量子收（产）率的概念，作为对光化学第二定律的补充。

量子产率或者量子收率用 ϕ 表示：

$$\phi = \frac{\text{光化学反应中起反应的分子数}}{\text{吸收的光量子数}}$$

或写成

$$\phi = \frac{\text{光化学过程的速度}}{\text{吸收光的速度}}$$

被吸收的光量子数可用光度计测定，反应的分子数可通过各种分析方法测得，因此，量子收率的概念比光化学定律更为实用。实验表明，ϕ 值的变化范围极大，大可至上百万，小可到很小的分数。知道了量子收率 ϕ 值，对于理解光化学反应的机理有很大的帮助。如：$\phi \leqslant 1$ 时是直接反应；$\phi > 1$ 时是连锁反应。乙烯基单体的光聚合，产生一个活性种后可加成多个单体，$\phi > 1$，因此是连锁反应。

（3）Lambert-Beer 定律

Lambert 定律指出，被透明介质所吸收的入射光的百分数与入射光的强度无关，且给定介质的每个相邻层所吸收入射光的百分数相同。Beer 定律指出，被吸引的辐射量与吸收该辐射的分子数成正比，即与有吸收作用的物质的浓度 c 成正比。这两个定律的结合称为 Lambert-Beer 定律，其数学表达形式是：

$$\lg \frac{I_0}{I} = \varepsilon c L$$

I_0 和 I 分别是入射光与透色光的强度；L 是吸收池的厚度，单位 cm；c 是浓度，单位 mol/L；ε 被称为摩尔吸光系数，单位 m^2/mol。

一个分子的摩尔吸光系数 ε 随入射光的频率或者波长的变化而变化。如：NADH 在 260nm 时 ε 为 15000，写成 $\varepsilon_{260}^{NADH} = 15 \times 10^3$；在 340nm 时 ε 为 6220，写成 $\varepsilon_{340}^{NADH} = 6.22 \times 10^3$。吸光能力强的化合物发生跃迁的概率大，表明这个分子容易从基态跃迁到激发态。

2.2.4 决定跃迁概率的因素

Golden 规则指出，两个状态之间的跃迁速率：

$$k = \frac{2\pi}{h}\rho\langle H\rangle^2$$

ρ 是能够与始态偶合的终态的数目，或者密度；H 表示偶合始态与终态的微扰的矩阵元，或者积分。

$$\langle H\rangle = \langle\Psi_i|\mu|\Psi_f\rangle = \int\Psi_i\mu\Psi_f d\tau$$

Ψ_i，Ψ_f 分别是始态和终态的波函数。

u 是偶极矩算符

$$u = er$$

e 为电子电荷，r 为电子移动的距离。

根据波恩-奥本海默近似，总波函数可分解为核运动，电子轨道运动与电子自旋运动三个波函数的乘积。这样

$$H = \Psi_i\mu\Psi_f d\tau = \int\theta_i\theta_f d\tau_N\int S_i S_f d\tau_s\int\Psi_i\mu\Psi_f d\tau_0$$

式中，θ 为核运动的波函数；Ψ 为电子轨道运动的波函数；S 为电子自旋运动的波函数；H 通称为跃迁矩。

如果跃迁矩 $=0$，跃迁是严格禁阻的，跃迁矩 $\neq 0$ 时，跃迁是允许的，跃迁矩越大，表明相应状态之间的跃迁越容易发生。根据程度的不同跃迁可以分为：严格禁阻、强禁阻、弱允许和完全允许。

对于表示核运动的积分

$$\int\theta_i\theta_f d\tau_N$$

两个状态的核构型越相近，其值越大，跃迁越容易发生。

2.2.5 Frank-Condon 原理

如前所述，跃迁过程发生很快，分子构型来不及改变，或者称跃迁是垂直发生的，这就是 Frank-Condon 原理，Frank-Condon 原理认为：相对于分子的振动周期（约 10^{-13} s）而言，电子跃迁所需要的时间是极短的（10^{-15} s）。所以，电子跃迁的瞬间，核间距是可以固定不变的。按照该原则，分子被由基态激发到第一激发态时，必然沿着垂直于核间距的方向跃迁，这种跃迁被称为 Frank-Condon 跃迁。其概率最大，谱线的强度最大。

$$\int\theta_i\theta_f d\tau_N = 1$$

这就是 Frank-Condon 原理的数学表达式。见图 2-11。

分子被由基态激发到第一激发态时，必然沿着垂直于核间距的方向。

对于表示电子自旋运动的积分

$$\int S_i S_f d\tau_s$$

有两种情况：

① 跃迁前后电子自旋没有改变，自旋积分项

$$\int\alpha\alpha d\tau_s = 1 \quad 或者 \quad \int\beta\beta d\tau_s = 1$$

② 跃迁前后电子自旋发生了改变，自旋积分项

$$\int\alpha\beta d\tau_s = 0$$

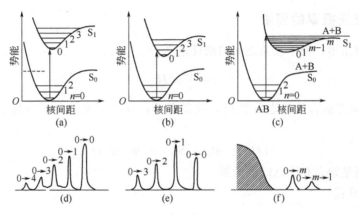

图 2-11 Frank-Condon 原理示意图

所以说，电子自旋不变的跃迁是允许的，电子自旋改变的跃迁是禁阻的。

2.2.6 宇称性规则

对于表示电子轨道运动的积分，其值与始态和终态空间函数的重叠及对称性有关，始态和终态空间函数的空间重叠越大，积分项越大，此积分值越大，这叫宇称性规则。

例如：成键的 π 轨道与反键的 π 轨道有重叠，就对称而言，我们前面学过轨道函数可以分为对称的（g）和非对称的（u）。始态和终态的对称性不同时，跃迁是允许的。如 u→g 或者 g→u。始态和终态的对称性相同时，跃迁是禁阻的。g→g 或者 u→u。例如：成键的 π 轨道与反键的 σ 轨道是非对称的。成键的 σ 轨道与反键的 π 轨道是对称的。

所以允许的跃迁只能是 π ⟶ π* 和 σ ⟶ σ*。

2.2.7 选择规则的修订

（1）分子的运动

首先分子不是静止的，分子的运动包括了键的弯曲，伸缩等，这可以改变轨道的重叠性和对称性，使禁阻的跃迁成为可能。

（2）旋轨偶合

分子轨道的运动产生的磁矩对电子自旋相位的影响，从而导致禁阻的跃迁成为可能。

（3）旋旋偶合

分子中其他磁自旋运动产生磁矩对电子自旋相位的影响称旋旋偶合，从而影响跃迁的发生。

2.2.8 激发态

最适当的描述一个分子的电子分布需要薛定谔（E. Sehrodinger）方程式的解。但该方程的正确解依赖于电子与核间的静电相互作用、静电排斥、分子振动及磁相互作用，较为复杂，而且只限于简单分子的计算。进一步的了解可参阅有关量子化学的书籍，这里从略。

2.2.8.1 单线态

根据保利（Pauli）不相容原理，成键轨道上的两个电子能量相同，自旋方向相反，因此，能量处于最低状态，称为基态。分子一旦吸收了光能，电子将从原来的轨道激发到另一个能量较高的轨道。

由于电子激发是跃进式的、不连续的，因此称为电子跃迁。电子跃迁后的状态称为激发态。激发态的化合物在原子吸收和发射谱中，呈现 $2S+1$ 条谱线，称为多重态。这里，S 是体系内电子自旋量子数的代数和，自旋量子数可以是 $+1/2$ 或 $-1/2$。根据保利不相容原理，两个电子在同一个轨道里，必须是自旋配对的。也就是说，一个电子的自旋量子数是 $+1/2$（用↑表示），而另一个电子的自旋量子数是 $-1/2$（用↓表示）。当分子轨道里所有电子都配对时（↑↓），自旋量子数的代数和等于零，则多重态 $2S+1=1$，即呈一条谱线。这种状态称为单线态，用 S 表示。基态时的单线态称为基态单线态，记作 S_0。

2.2.8.2 三线态

大多数成键电子基态时都处于单线态。但也有少数例外，如氧分子在基态时，电子自旋方向相同，称为基态三线态，记作 T_0。电子受光照激发后，从能量较低的成键轨道进入能量较高的反键轨道。如果此时被激发的电子保持其自旋方向不变，称为激发单线态。按激发能级的高低，从低到高依次记为 S_1，S_2，S_3，…。如果被激发的电子在激发后自旋方向发生了改变，不再配对（↑↑或↓↓），则自旋量子数之和 $S=1$，状态出现多重性，即 $2S+1=3$，体系处于三线态，称为激发三线态，用符号 T 表示。按照激发能级的高低，从低到高依次记为 T_1，T_2，T_3。

如果分子中一对电子为自旋反平行，则 $S=0$，$M=1$，这种状态被称为单线态或者单重态，用 S 表示。大多数化合物分子处于基态时电子自旋总是成对的，所以是单线态，用 S_0 表示。吸收光子以后，被激发到空的轨道上的电子，如果仍保持自旋反平行的状态，则多重度不变，按其能量的高低可以相应地表示为 S_1 态，S_2 态。见图 2-12。

当处于 S_0 态的一对电子吸收光子受到激发以后，产生了在两个轨道中自旋方向平行的电子，这时 $S=1$，$M=3$，这种状态为三重态或者三线态。因为在磁场中，电子的总自旋角动量在磁场方向可以有三个不同的分量，是三度简并的状态，用 T 表示。按能量高低可以表示为 T_1，T_2，…激发态。见图 2-13。

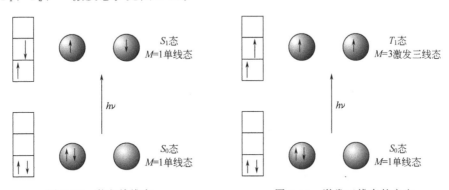

图 2-12　激发单线态　　　　　　图 2-13　激发三线态的产生

在三重态中，处于不同轨道的两个电子自旋平行，两个电子轨道在空间的交盖较少，电子自旋的平均间距变长，因而相互排斥的作用降低，所以 T 态的能量总是低于相同激发态的 S 态的能量。见图 2-14。

电子由 S_0 激发到 S_1 态或者 T_1 态的概率是很不相同的。从光谱带的强弱看，从 S_0 激发到 S_1 态是自旋允许的，因而谱带很宽，而从 S_0 态激发到 T_1 态是自旋禁阻的。一般很难发生，它的概率是 10^{-5} 数量级。但是对于顺磁性物质，激发到 T_1 态的概率将明显增加。图 2-15 是跃迁概率的示意图。

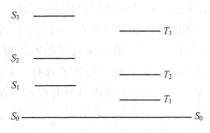
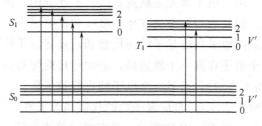

图 2-14　三线态的能量总是低于相同　　　　　　　图 2-15　跃迁概率
　　　　　激发态的单线态的能量

参考文献

［1］　姜月顺，李铁津等编．光化学．北京：化学工业出版社，2004.

［2］　张建成，王夺元等编．现代光化学．北京：化学工业出版社，2006.

［3］　樊美公，姚建年，佟振合等编．分子光化学与光功能材料．北京：科学出版社，2009.

［4］　吴世康编．超分子光化学导论——基础与应用．北京：科学出版社，2005.

［5］　康锡惠，刘梅清．光化学原理与应用．天津：天津大学出版社，1984.

［6］　邓南圣，吴峰编．环境光化学．北京：化学工业出版社，2003.

［7］　曹怡，张建成主编．光化学技术．北京：化学工业出版社，2004.

［8］　王乃兴，马金石，刘扬著．生物有机光化学．北京：化学工业出版社，2008.

［9］　吴世康著．高分子光化学导论——基础和应用．北京：科学出版社，2003.

［10］　刘剑波，周福添，宋心琦．光化学（原理技术应用）．北京：高等教育出版社，2005.

［11］　李善君．高分子光化学原理及应用．上海：复旦大学出版社，2003.

［12］　阿特金斯（Peter Atkins），葆拉（Julio de Paula）．Atkins 物理化学．第 7 版（影印版）．北京：高等教育出版社，2006.

第3章 辐射跃迁

3.1 辐射跃迁

3.1.1 辐射跃迁和无辐射跃迁

处于激发态的电子，通常以辐射跃迁方式或无辐射跃迁方式再回到基态。辐射跃迁主要涉及到荧光、延迟荧光或磷光的发射；无辐射跃迁则是指以热的形式辐射其多余的能量，包括振动弛豫（VR）、内部转移（IR）、系间窜跃（IX）及外部转移（EC）等。

发光的程度与荧光物质本身的结构及激发时的物理和化学环境等因素有关。

下面结合荧光和磷光的产生过程，进一步说明各种失活途径在其中所起的作用。

设处于基态单重态中的电子吸收波长被 λ_1 和 λ_2 的辐射光激发之后，分别激发至第二激发单重态 S_2 及第一激发单重态 S_1。见图 3-1。

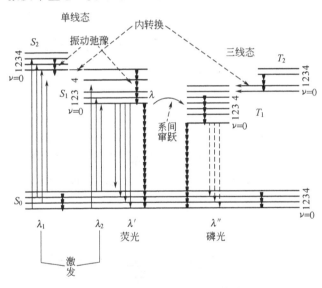

图 3-1 辐射跃迁和无辐射跃迁的能级图

辐射跃迁包括荧光，磷光。无辐射跃迁包括振动弛豫、内部转移、系间窜跃及外部转移。

3.1.2 振动弛豫

它是指在同一电子能级中，电子由高振动能级转至低振动能级，而将多余的能量以热的形式发出。发生振动弛豫的时间为 10^{-12}s 数量级。见图 3-2。

3.1.3 内转移

当两个电子能级非常靠近以致其振动能级有重叠时，常发生电子由高能级以无辐射跃迁

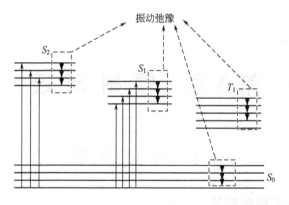

图 3-2 振动弛豫

方式转移至低能级。图 3-3 中指出，处于高激发单重态的电子，通过内转移及振动弛豫，均跃回到第一激发单重态的最低振动能级。

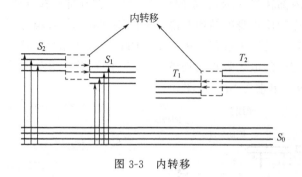

图 3-3 内转移

3.1.4 系间窜跃

指不同多重态间的无辐射跃迁，例如 $S_1 \rightarrow T_1$ 就是一种系间窜跃。通常，发生系间窜跃时，电子由 S_1 的较低振动能级转移至 T_1 的较高振动能级处。有时，通过热激发，有可能发生 $T_1 \rightarrow S_1$，然后由 S_1 发生荧光。这是产生延迟荧光的机理。见图 3-4。

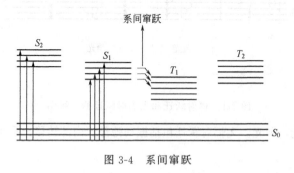

图 3-4 系间窜跃

3.1.5 荧光发射

处于第一激发单重态中的电子跃回至基态各振动能级时，将得到最大波长为 λ_3 的荧光。注意：基态中也有振动弛豫跃迁。很明显，λ_3 的波长较激发波长 λ_1 或 λ_2 都长，而且不论电子开始被激发至什么高能级，最终将只发射出波长为 λ_3 的荧光。荧光的产生在 $10^{-9} \sim 10^{-7}$

s 内完成。

3.1.6 磷光发射

电子由基态单重态激发至第一激发三重态的概率很小，因为这是禁阻跃迁。但是，由第一激发单重态的最低振动能级，有可能以系间窜跃方式转至第一激发三重态，再经过振动弛豫，转至其最低振动能级，由此激发态跃回至基态时，便发射磷光，这个跃迁过程（$T_1 \to S_0$）也是自旋禁阻的，其发光速率较慢，约为 $10^{-4} \sim 10s$。因此，这种跃迁所发射的光，在光照停止后，仍可持续一段时间。Kasha 规则：一切重要的光化学物理过程都是由最低激发单重态（S_1）或最低激发三重态（T_1）开始的。基态分子吸收光子后生成的不同激发态会很快失活到能量最低的激发态（$10^{-13}s$）。见图 3-5。

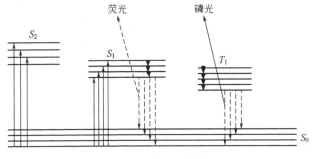

图 3-5　荧光和磷光

3.1.7 外转移

指激发分子与溶剂分子或其他溶质分子的相互作用及能量转移，使荧光或磷光强度减弱甚至消失。这一现象称为"熄灭"或"猝灭"。荧光与磷光的根本区别：荧光是由激发单重态最低振动能级至基态各振动能级间跃迁产生的；而磷光是由激发三重态的最低振动能级至基态各振动能级间跃迁产生的。

3.2　激发光谱曲线和荧光、磷光光谱曲线

荧光和磷光均为光激发（光致）发光，因此必须选择合适的激发光波长，可根据它们的激发光谱曲线来确定。绘制激发光谱曲线时，固定测量波长为荧光（或磷光）最大发射波长，然后改变激发波长，根据所测得的荧光（磷光）强度与激发光波长的关系，即可绘制激发光谱曲线。应该指出，激发光谱曲线与其吸收曲线可能相同，但激发光谱曲线是荧光强度与波长的关系曲线，吸收曲线则是吸光度与波长的关系曲线，两者在性质上是不同的。当然，在激发光谱曲线的最大波长处，处于激发态的分子数目是最多的，这可说明所吸收的光能量也是最多的，自然能产生最强的荧光。如果固定激发光波长为其最大激发波长，然后测定不同的波长所发射的荧光或磷光强度，即可绘制荧光或磷光光谱曲线。

在荧光和磷光的产生过程中，由于存在各种形式的无辐射跃迁，损失能量，所以它们的最大发射波长都向长波方向移动，以磷光波长的移动最多，而且它的强度也相对较弱。见图 3-6。

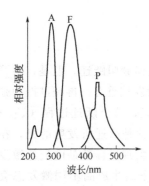

图 3-6 激发光谱曲线和
荧光、磷光光谱曲线

3.2.1 Stokes 位移

Stokes 位移是荧光发射光谱的普遍特性。

在溶液中，分子荧光的发射相对于吸收，位移到较长的波长，称为 Stokes 位移。这是由于受激分子通过振动弛豫而失去转动能，也由于溶液中溶剂分子与受激分子的碰撞，也会有能量的损失。因此，在激发和发射之间产生了能量损失。

3.2.2 荧光发射光谱的形状与激发波长无关

因为分子吸收了不同能量的光子可以由基态激发到几个不同的电子激发态，而具有几个吸收带。由于较高激发态通过内转换及转动弛豫回到第一电子激发态的概率较高，远大于由高能激发态直接发射光子的速度，故在荧光发射时，不论用哪一个波长的光辐射激发，电子都从第一电子激发态的最低振动能级返回到基态的各个振动能级，所以荧光发射光谱与激发波长无关。

3.3 镜 像 规 则

通常荧光发射光谱和它的吸收光谱呈镜像对称关系。见图 3-7。

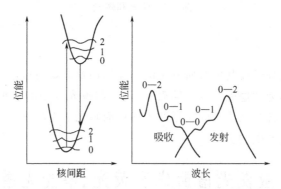

图 3-7 吸收光谱曲线和荧光发射光谱曲线呈镜像关系

吸收光谱是物质分子由基态激发至第一电子激发态的各振动能级形成的。其形状决定于第一电子激发态中各振动能级的分布情况。荧光光谱是激发分子从第一电子激发态的最低振动能级回到基态中各不同能级形成的。所以荧光光谱的形状决定于基态中各振动能级的分布情况。基态中振动能级的分布和第一电子激发态中振动能级的分布情况是类似的。因此荧光光谱的形状和吸收光谱的形状极为相似。

由基态最低振动能级跃迁到第一电子激发态各个振动能级的吸收过程中，振动能级越高，两个能级之间的能量差越大，即激发所需的能量越高，所以吸收峰的波长越短。反之，由第一电子激发态的最低振动能级降落到基态各个振动能级的荧光发射过程中，基态振动能级越高，两个能级之间的能量差越小，荧光峰的波长越长。另外，也可以从位能曲线解释镜像规则。由于光吸收在大约 10^{-15} s 的短时间内发生，原子核没有发生明显的位移，即电子与核之间的位移没有发生变化。假如在吸收过程中，基态的零振动能级与激发态的第二振动能级之间的跃迁概率最大，那么，在荧光发射过程中，其相反跃迁的概率也应该最大。也就是说，吸收和发射的能量都最大。

3.4 荧光和分子结构的关系

分子产生荧光必须具备两个条件：分子必须具有与所照射的辐射频率相适应的结构，才能吸收激发光；吸收了与其本身特征频率相同的能量之后，必须具有一定的荧光量子产率。荧光效率可以用数学式来表达这些关系，得到

$$j = k_f / (k_f + \textstyle\sum k_i)$$

式中，k_f 为荧光发射过程的速率常数；$\sum k_i$ 为其他有关过程速率常数的总和。凡是能使 k_f 值升高而使其他 k_i 值降低的因素，都可增强荧光。

实际上，对于高荧光分子，例如荧光素，其量子产率在某些情况下接近 1，说明 $\sum k_i$ 很小，可以忽略不计。一般来说，k_f 主要取决于化学结构，而 $\sum k_i$ 则主要取决于化学环境，同时也与化学结构有关。磷光的量子产率与此类似。

3.4.1 荧光与有机化合物的结构

跃迁类型：实验证明，对于大多数荧光物质，首先经历 p→p* 或 n（非键电子轨道）→p* 激发，然后经过振动弛豫或其他无辐射跃迁，再发生 p*→p 或 p*→n 跃迁而得到荧光。在这两种跃迁类型中，p*→p 跃迁常能发出较强的荧光（较大的量子产率）。这是由于 p→p* 跃迁具有较大的摩尔吸光系数（一般比 n→p* 大 100～1000 倍），其次，p→p* 跃迁的寿命约为 $10^{-9} \sim 10^{-7}$ s，比 n→p* 跃迁的寿命 $10^{-7} \sim 10^{-5}$ s 要短。

在各种跃迁过程的竞争中，它是有利于发射荧光的。此外，在 p*→p 跃迁过程中，通过系间窜跃至三重态的速率常数也较小（$S_1 \to T_1$ 能级差较大），这也有利于荧光的发射，总之，p→p* 跃迁是产生荧光的主要跃迁类型。

3.4.2 共轭效应

实验证明，容易实现 p→p* 激发的芳香族化合物容易发生荧光，能发生荧光的脂肪族和脂环族化合物极少（仅少数高度共轭体系化合物除外）。此外，增加体系的共轭度，荧光效率一般也将增大。例如，在多烯结构中，Ph(CH═CH)₃Ph 和 Ph(CH═CH)₂Ph 在苯中的荧光效率分别为 0.68 和 0.28。

共轭效应使荧光增强的原因，主要是由于增大荧光物质的摩尔吸光系数，有利于产生更多的激发态分子，从而有利于荧光的发生。

3.4.3 影响荧光强度的其他因素

· 刚性平面结构实验发现，多数具有刚性平面结构的有机分子具有强烈的荧光。因为这种结构可以减少分子的振动，使分子与溶剂或其他溶质分子的相互作用减少，也就减少了碰撞去活的可能性。见图 3-8。

3.4.4 取代基效应

芳香族化合物苯环上的不同取代基对该化合物的荧光强度和荧光光谱有很大的影响。给电子基团，如—OH、—OR、—CN、—NH₂、—NR₂ 等，使荧光增强。因为产生了 p-p 共

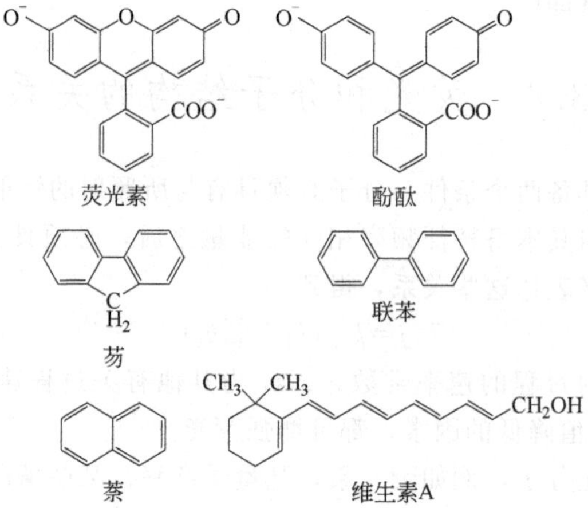

图 3-8 刚性平面结构使得荧光素、芴、萘的荧光比酚酞、联苯、
维生素 A 的荧光高

轭作用,增强了 p 电子共轭程度,使最低激发单重态与基态之间的跃迁概率增大。吸电子基团,如—COOH、—NO、—C≡O、卤素等,会减弱甚至猝灭荧光。卤素取代基随原子序数的增加而使荧光降低。这可能是由所谓"重原子效应"使系间窜跃速率增加所致。在重原子中,能级之间的交叉现象比较严重,因此容易发生自旋轨道的相互作用,增加了由单重态转化为三重态的速率。取代基的空间障碍对荧光也有影响。立体异构现象对荧光强度有显著的影响。见表 3-1。

表 3-1 苯环上取代基对荧光的影响

化合物	分子式	λ_F/nm	相对荧光强度
苯	C_6H_6	270~310	10
甲苯	$C_6H_5CH_3$	270~320	17
丙基苯	$C_6H_5C_3H_7$	270~320	17
氟代苯	C_6H_5F	270~320	10
氯代苯	C_6H_5Cl	275~345	7
溴代苯	C_6H_5Br	290~380	5
碘代苯	C_6H_5I	—	0
苯酚	C_6H_5OH	285~365	18
苯酚阴离子	$C_6H_5O^-$	310~400	10
甲氧基苯	$C_6H_5OCH_3$	285~345	20
苯胺	$C_6H_5NH_2$	310~405	20
苯胺正离子	$C_6H_5NH_3^+$	—	0
苯甲酸	C_6H_5COOH	310~390	3
氰基苯	C_6H_5CN	280~360	20
硝基苯	$C_6H_5NO_2$	—	0

3.5　金属螯合物的荧光

除过渡元素的顺磁性原子会发生线状荧光光谱外，大多数无机盐类金属离子，在溶液中只能发生无辐射跃迁，因而不产生荧光。但是，在某些情况下，金属螯合物却能产生很强的荧光，并可用于痕量金属元素分析。

3.5.1　螯合物中配位体的发光

不少有机化合物虽然具有共轭双键，但由于不是刚性结构，分子处于非同一平面，因而不发生荧光。若这些化合物和金属离子形成螯合物，随着分子的刚性增强，平面结构的增大，常会发生荧光。如 8-羟基喹啉本身有很弱的荧光，但其金属螯合物具有很强的荧光。

3.5.2　螯合物中金属离子的特征荧光

这类发光过程通常是螯合物首先通过配位体的 p→p* 跃迁激发，接着配位体把能量转给金属离子，导致 d→d* 跃迁和 f→f* 跃迁，最终发射的是 d→d* 跃迁和 f→f* 跃迁光谱。刚性平面效应使得荧光增强，见图 3-9。

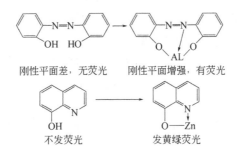

刚性平面差，无荧光　　刚性平面增强，有荧光

不发荧光　　　　　　发黄绿荧光

图 3-9　刚性平面效应使得荧光增强

3.6　溶液的荧光（或磷光）强度

荧光强度与溶液浓度的关系，荧光强度 I_f 正比于吸收的光量 I_a 与荧光量子产率 ϕ。

$$I_f = \phi I_a$$

式中 ϕ 为荧光量子效率，又根据 Beer 定律

$$I_a = I_0 - I_t = I_0(1 - e^{-\varepsilon lc})$$

I_0 和 I_t 分别是入射光强度和透射光强度。代入上式得：

$$I_f = \phi I_0(1 - 10^{-\varepsilon lc}) = \phi I_0(1 - e^{-2.3\varepsilon lc})$$

整理得：
$$I_f = 2.3\phi I_0 \varepsilon lc$$

当入射光强度 I_0 和 l 一定时，上式为：

$$I_f = Kc$$

即荧光强度与荧光物质的浓度成正比，但这种线性关系只有在极稀的溶液中，当 $\varepsilon lc < 0.05$ 时才成立。对于较浓溶液，由于猝灭现象和自吸收等原因，使荧光强度和浓度不再呈线性关系。

3.6.1 影响荧光强度的因素

溶剂对荧光强度的影响。溶剂的影响可分为一般溶剂效应和特殊溶剂效应。一般溶剂效应指的是溶剂的折射率和介电常数的影响。特殊溶剂效应指的是荧光体和溶剂分子间的特殊化学作用，如氢键的生成和化合作用。一般溶剂效应是普遍的，而特殊溶剂效应则决定于溶剂和荧光体的化学结构。特殊溶剂效应所引起荧光光谱的移动值，往往大于一般溶剂效应所引起的影响。由于溶质分子与溶剂分子间的作用，使同一种荧光物质在不同溶剂中的荧光光谱会有显著不同。有的情况，增大溶剂的极性，将使 $n \rightarrow p^*$ 跃迁的能量增大，$p \rightarrow p^*$ 跃迁的能量减小，而导致荧光增强，荧光峰红移。但也有相反的情况，例如，苯胺萘磺酸类化合物在戊醇、丁醇、丙醇、乙醇和甲醇中，随着醇的极性增大，荧光强度减小，荧光峰蓝移。因此荧光光谱的位置和强度与溶剂极性之间的关系，应根据荧光物质与溶剂的不同而异。如果溶剂和荧光物质形成了化合物，或溶剂使荧光物质的电力状态改变，则荧光峰位和强度都会发生较大的变化。

3.6.1.1 温度对荧光强度的影响

温度上升使荧光强度下降。其中一个原因是分子的内部能量转化作用。当激发分子接受额外热能时，有可能使激发能转换为基态的振动能量，随后迅速振动弛豫而丧失振动能量。另一个原因是碰撞频率增加，使外转换的去活概率增加。

3.6.1.2 溶液 pH 值对荧光强度的影响

带有酸性或碱性官能团的大多数芳香族化合物的荧光与溶液的 pH 有关。不同的 pH，化合物所处状态不同，不同的化合物或化合物的分子与其离子在电子构型上有所不同，因此，它们的荧光强度和荧光光谱就有一定的差别。对于金属离子与有机试剂形成的发光螯合物，一方面 pH 会影响螯合物的形成，另一方面还会影响螯合物的组成，因而影响它们的荧光性质。

3.6.2 内滤光作用和自吸收现象

溶液中若存在能吸收激发或荧光物质所发射光能的物质，就会使荧光减弱，这种现象称为"内滤光作用"。内滤光作用的另一种情况是荧光物质的荧光发射光短波长一端与该物质吸收光谱的长波长一端有重叠。在溶液浓度较高时，一部分荧光发射被自身吸收，产生"自吸收"现象而降低了溶液的荧光强度。见图 3-10。

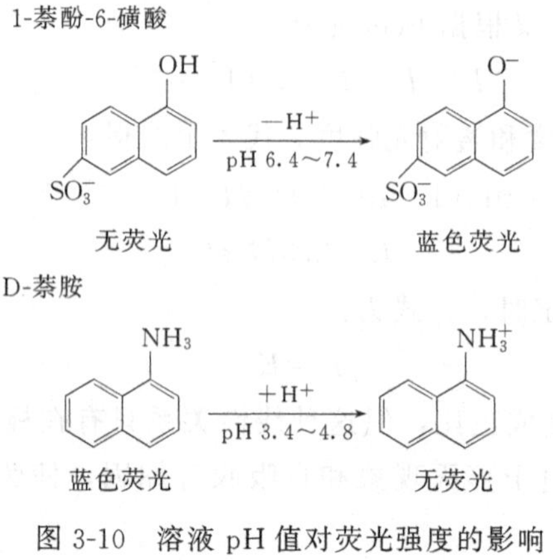

图 3-10　溶液 pH 值对荧光强度的影响

3.6.3 溶液荧光猝灭

荧光物质分子与溶剂分子或其他溶质分子的相互作用引起荧光强度降低的现象称为荧光猝灭。能引起荧光强度降低的物质称为猝灭剂。

导致荧光猝灭的主要类型如下。

3.6.3.1 碰撞猝灭

碰撞猝灭是指处于激发单重态的荧光分子与猝灭剂分子相碰撞，使激发单重态的荧光分子以无辐射跃迁的方式回到基态，产生猝灭作用。静态猝灭（组成化合物的猝灭）是由于部分荧光物质分子与猝灭剂分子生成非荧光的配合物而产生的。此过程往往还会引起溶液吸收光谱的改变。

3.6.3.2 转入三重态的猝灭

分子由于系间的窜跃跃迁，由单重态跃迁到三重态。转入三重态的分子在常温下不发光，它们在与其他分子的碰撞中消耗能量而使荧光猝灭。溶液中的溶解氧对有机化合物的荧光产生猝灭效应，是由于三重态基态的氧分子和单重激发态的荧光物质分子碰撞，形成了单重激发态的氧分子和三重态的荧光物质分子使荧光猝灭。

3.6.3.3 发生电子转移反应的猝灭

某些猝灭剂分子与荧光物质分子相互作用发生了电子转移反应，因而引起荧光猝灭。

3.6.3.4 荧光物质的自猝灭

在浓度较高的荧光物质溶液中，单重激发态的分子在发生荧光之前和未激发的荧光物质分子碰撞而引起的自猝灭。有些荧光物质分子在溶液浓度较高时会形成二聚体或多聚体，使它们的吸收光谱发生变化，也引起溶液荧光强度的降低或消失。

3.7　荧光分析仪

用于测量荧光的仪器由激发光源、样品池、用于选择激发光波长和荧光波长的单色器以及检测器四部分组成。

由光源发射的光经第一单色器得到所需的激发光波长，通过样品池后，一部分光能被荧光物质所吸收，荧光物质被激发后，发射荧光。为了消除入射光和散射光的影响，荧光的测量通常在与激发光成直角的方向上进行。为消除可能共存的其他光线的干扰，如由激发所产生的反射光、Raman 光以及为将溶液中杂质滤去，以获得所需的荧光，在样品池和检测器之间设置了第二单色器。荧光作用于检测器上，得到相应的电信号。见图 3-11。

（1）激发光源

在紫外-可见区范围，通常的光源是氙灯和高压汞灯。

（2）样品池

荧光用的样品池须用低荧光材料制成，通常用石英，形状以方形和长方形为宜。

（3）单色器

光栅。

（4）检测器

由光电管和光电倍增管作为检测器，并与激发光成直角。

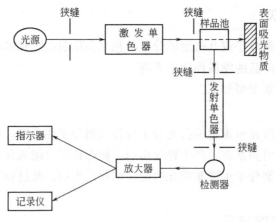

图 3-11 荧光分析仪原理

3.8 分子荧光分析法及其应用

3.8.1 荧光分析方法的特点

①灵敏度高；②选择性强；③试样量少和方法简单；④提供比较多的物理参数。

荧光分析法的弱点是它的应用范围小。因为本身能发出荧光的物质相对较少，用加入某种试剂的方法将非荧光物质转化为荧光物质进行分析，其数量也不多；另一方面，由于荧光分析的灵敏度高，测定对环境因素敏感，干扰因素较多。

3.8.2 定量分析方法

（1）校准曲线法

应用校准曲线的分析方法，都是在样品测得信号值后，从校准曲线上查得其含量（或浓度）。因此，绘制准确的校准曲线，直接影响到样品分析结果的准确与否。此外，校准曲线也确定了方法的测定范围。

（2）直接比较法

将未知样品中某一物质的荧光发射峰面积与该物质的标准品荧光发射峰面积直接比较进行定量。通常要求标准品的浓度与被测组分浓度接近，以减小定量误差。此法相当于简化的标准曲线法，只不过利用了原点（0，0）和标准物质的一点。定量的精度不如标准曲线法。主要应用于元素的荧光测定和有机化合物的荧光测定。

3.9 磷光分析法

分子磷光与分子荧光光谱的主要差别是，磷光是第一激发单重态的最低能级，经系间窜跃跃迁到第一激发三重态，并经振动弛豫至最低振动能级，然后跃迁回到基态发生的。与荧光相比，磷光具有如下三个特点：①磷光辐射的波长比荧光长，原因是分子的 T_1 态能量比 S_1 态低；②磷光的寿命比荧光长，这是由于荧光是 $S_1 \rightarrow S_0$ 跃迁产生的，这种跃迁是自旋允许的跃迁，因而 S_1 态的辐射寿命通常在 $10^{-9} \sim 10^{-7}$ s，磷光是 $T_1 \rightarrow S_0$ 跃迁产生的，这种跃迁属自旋禁阻的跃迁，其速率常数要小，因而辐射寿命要长，大约为 $10^{-4}\sim10\mathrm{s}$；③磷光的寿命和辐射强度对于重原子和顺磁性离子敏感。

3.9.1 低温磷光

由于激发三重态的寿命长，使激发态分子发生 $T_1 \rightarrow S_0$ 这种分子内部的内转化非辐射去活化过程，以及激发态分子与周围的溶剂分子间发生碰撞和能量转移过程，或发生某些光化学反应的概率增大，这些都将使磷光强度减弱，甚至完全消失。为减少这些去活化过程的影响，通常应在低温下测量磷光。低温磷光分析中，液氮是最常用的合适冷却剂。因此要求所使用的溶剂，在液氮温度（77K）下应具有足够的黏度并能形成透明的刚性玻璃体，对所分析的试样应具有良好的溶解特性。试样的刚性可减少荧光的碰撞猝灭。溶剂应易于提纯，以除去芳香族和杂环化合物等杂质。溶剂应在所研究的光谱区域内没有很强的吸收和发射。最常用的溶剂是 EPA，它由乙醇、异戊烷和二乙醚按体积比为 2：5：5 混合而成。使用含有重原子的混合溶剂 IEPA（由 EPA：碘甲烷＝10：1 组成），有利于系间窜跃跃迁，可以增加磷光效应。

含重原子的溶剂，由于重原子的高核电荷引起或增强了溶质分子的自旋-轨道偶合作用，从而增大了 $S_0 \rightarrow T_1$ 吸收跃迁和 $S_1 \rightarrow T_1$ 系间窜跃跃迁的概率，有利于磷光的发生和增大磷光的量子产率。这种作用称为外部重原子效应。当分子中引入重原子取代基，例如，当芳烃分子中引入杂原子或重原子取代基时，也会发生内部重原子效应，导致磷光量子效率的提高。

3.9.2 室温磷光

由于低温磷光需要低温实验装置，溶剂选择的限制等因素，从而发展了多种室温磷光法（RTP）。

固体基质室温磷光法（SS-RTP）。此法基于测量室温下吸附于固体基质上的有机化合物所发射的磷光。所用的载体种类较多，有纤维素载体（如滤纸、玻璃纤维）、无机载体（如硅胶、氧化铝）以及有机载体（如乙酸钠、聚合物、纤维素膜）等。理想的载体是既能将分析物质牢固地束缚在表面或基质中以增加其刚性，并能减小三重态的碰撞猝灭等非辐射去活化过程，而本身又不产生磷光背景。

胶束增稳的溶液室温磷光法（MS-RTP）。当溶液中表面活性剂的浓度达到临界胶束浓度后，便相互聚集形成胶束。由于这种胶束的多相性，改变了磷光团的微环境和定向的约束力，从而强烈影响了磷光团的物理性质，减小了内转化和碰撞能量损失等非辐射去活化过程的趋势，明显增加了三重态的稳定性，从而可以实现在溶液中测量室温磷光。利用胶束稳定的因素，结合重原子效应，并对溶液除氧，是室温磷光法的三个要素。

敏化溶液室温磷光法（SS-RTP）。该法在没有表面活性剂存在的情况下获得溶液的室温磷光。分析物质被激发后并不发射荧光，而是经过系间窜跃过程衰减变至最低激发三重态。当有某种合适的能量受体存在时，发生了由分析物质到受体的三重态能量转移，最后通过测量受体所发射的室温磷光强度而间接测定该分析物质。在这种方法中，分析物质本身并不发出磷光，而是引发受体发出磷光。

3.9.3 磷光分析仪

在荧光分光光度计上配上磷光配件后，即可用于磷光测定。如将样品放在盛有液氮的石英杜瓦瓶内，即可用于低温磷光测定。磷光发射光谱的测定，被测定试样放在细管中，除气、密封并放在盛有液氮的杜瓦瓶中。试样和盛有液氮的杜瓦瓶一起放入有两个窗的圆筒中，此圆筒是能够旋转的，照射光由一个窗口进入，使试样激发生成荧光和磷光，此时圆筒的另一面没有窗口，荧光和磷光被阻挡，不能进入检测器，转过一位置，照射光被阻挡，结果荧光不被辐射，此时，磷光由于寿命长，继续辐射，通过窗口到达检测器而被检测到。见图 3-12。

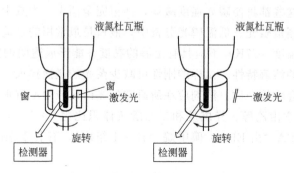

图 3-12　磷光测定装置示意图

测定磷光时，常用乙醚，异戊烷和乙醇混合溶剂将试样溶解（比例是 5∶5∶2，此混合溶剂简称 EPA），其特点是在液氮温度下不结晶而呈透明玻璃状，照射光不被散射而透过此溶剂，使试样受到光照射。

磷光分析主要用于测定有机化合物，如石油产品、多环芳烃、农药、药物等。

3.10　化学发光分析

某些物质在进行化学反应时，由于吸收了反应时产生的化学能，而使反应产物分子激发至激发态，受激分子由激发态回到基态时，便发出一定波长的光。这种吸收化学能使分子发光的过程称为化学发光。利用化学发光反应而建立起来的分析方法称为化学发光分析法。化学发光也发生于生命体系中，这种发光称为生物发光。

3.10.1　化学发光分析的基本原理

化学发光是吸收化学反应过程产生的化学能，而使反应产物分子激发所发射的光。任何一个化学发光反应都应包括化学激发和发光两个步骤，必须满足如下条件：①化学反应必须提供足够的激发能，激发能主要来源于反应焓；②要有有利的化学反应历程，使化学反应的能量至少能被一种物质所接受并生成激发态；③激发态能释放光子或能够转移它的能量给另一个分子，而使该分子激发，然后以辐射光子的形式回到基态。

化学发光反应效率 J_{cl}，又称化学发光的总量子产率。它决定于生成激发态产物分子的化学激发效率 J_{ce} 和激发态分子的发射效率 J_{em}。定义为：J_{cl}＝发射光子的分子数/参加反应的分子数＝$J_{ce}J_{em}$。化学反应的发光效率、光辐射的能量大小以及光谱范围，完全由参加反应物质的化学反应所决定。每个化学发光反应都有其特征的化学发光光谱及不同的化学发光效率。

化学发光反应的发光强度 I_{cl} 以单位时间内发射的光子数表示。它与化学发光反应的速率有关，而反应速率又与反应分子浓度有关。即：

$$I_{cl}(t) = J_{cl} \, dc/dt$$

式中，$I_{cl}(t)$ 表示 t 时刻的化学发光强度，是与分析物有关的化学发光效率；dc/dt 是分析物参加反应的速率。

3.10.2 化学发光反应类型

化学发光反应类型包括直接化学发光和间接化学发光。

直接发光是被测物作为反应物直接参加化学发光反应，生成电子激发态产物分子，此初始激发态能辐射光子。

$$A+B \longrightarrow C^* + D$$
$$C^* \longrightarrow C + h\nu$$

式中 A 或 B 是被测物，通过反应生成电子激发态产物 C^*，当 C^* 跃迁回基态时，辐射光子。

间接发光是被测物 A 或 B，通过化学反应生成初始激发态产物 C^*，C^* 不直接发光，而是将其能量转移给 F，使 F 跃迁回基态，产生发光。

$$A+B \longrightarrow C^* + D$$
$$C^* + F \longrightarrow F^* + E$$
$$F^* \longrightarrow F + h\nu$$

式中 C^* 为能量给予体，而 F 为能量接受体。

按反应体系的状态分类，如化学发光反应在气相中进行称为气相化学发光；在液相或固相中进行称为液相或固相化学发光；在两个不同相中进行则称为异相化学发光。

（1）气相化学发光

主要有 O_3、NO、S 的化学发光反应，可用于监测空气中的 O_3、NO、SO_2、H_2S、CO、NO_2 等。

如臭氧与乙烯的化学发光反应；一氧化氮与臭氧的化学发光反应。

（2）液相化学发光

用于此类化学发光分析的发光物质有鲁米诺、光泽碱、洛粉碱等。例如，利用发光物质鲁米诺，可测定痕量的 H_2O_2 以及 Cu、Mn、Co、V、Fe、Cr、Ce 等金属离子。

化学发光分析法的测量仪器主要包括：样品室、光检测器、放大器和信号输出装置。

3.11　荧光寿命（激发单线态寿命）测定

从激发态到基态是能量衰减过程，一般自发的衰减过程服从一级动力学关系。如果只考虑激发态 M^* 的辐射衰减过程，则 M^* 衰减过程可用式(3-1) 表示：

$$\frac{d[M^*]}{dt} = -k_1[M^*] \tag{3-1}$$

式中，k_1 为辐射衰减过程的速率常数，其意义是激发态分子每秒发射光子的次数。通过积分可得：

$$[M^*] = [M^*]_0 e^{-k_1 t} \tag{3-2}$$

由式(3-2) 可知，在衰减时间 $t=1/k_1$ 时，$[M^*]=[M^*]_0 1/e$。由此定义受激物质衰减到其起始强度 $1/e$ 所经过的时间，称为该激发态的自然寿命 τ_0。即：

$$\tau_0 \approx 1/k_1 \tag{3-3}$$

在激发单线态，辐射衰减是发射荧光的过程，式中 $k_1 \approx k_f$，因此有：

$$\tau_0 \approx 1/k_f \tag{3-4}$$

实际上，对于一个激发态不只是辐射衰减，还存在着内部转变，系间窜跃等过程。其中 k_{isc}，k_{ic} 分别为系间窜跃和内部转变速率常数。因此式（3-1）中 M^*。实际的衰减速率常数为 $k_f+k_{isc}+k_{ic}$，激发态寿命与速率常数的关系应为：

$$\tau_s = 1/(k_f+k_{isc}+k_{ic}) \tag{3-5}$$

为区别起见，称 τ_s 为实际寿命或荧光寿命。通过实验可以测量出荧光强度衰减到起始强度 $1/e$ 的时间，此即激发单线态的荧光寿命 τ。

3.12　荧光寿命的实际测量

荧光是分子吸收能量后，其基态电子被激发到单线激发态后，由第一激发单线态回到基态时所发生的，而荧光寿命是指分子在激发单线态所平均停留的时间。荧光物质的荧光寿命不仅与自身的结构而且与其所处微环境的极性、黏度等条件有关，因此通过荧光寿命测定可以直接了解所研究体系发生的变化。荧光现象多发生在纳秒级，这正好是分子运动所发生的时间尺度，因此利用荧光技术可以"看"到许多复杂的分子间作用过程，例如超分子体系中分子间的聚集现象、固液界面上吸附态高分子的构象重排、蛋白质高级结构的变化等。

除了直接应用之外，荧光寿命测定还是其他时间分辨荧光技术的基础。例如基于荧光寿命测定的荧光猝灭技术可以研究猝灭剂与荧光标记物或探针相互靠近的难易，从而对所研究体系中探针或标记物所处微环境的性质做出判断。基于荧光寿命测定的时间分辨荧光光谱，可以用来研究激发态发生的分子内或分子间作用，以及作用发生的快慢。另外，非辐射能量转移、时间分辨荧光各向异性等主要荧光技术都离不开荧光寿命测定。

荧光寿命测定的现代方法主要有三种，即时间相关单光子记数法（time correlated single photon counting，TCSPC），相调制法（phase modulation methods）和频闪技术（strobe techniques）。早期人们也曾通过测定荧光物种在溶液中的荧光偏振（P）、溶液黏度（η）以及估算荧光物种的分子体积（V_0），再根据 Perrin 方程来计算荧光寿命。

测量荧光衰减过程，按定义可以设想一个激发脉冲，继而自然的衰减过程，如图 3-13 所示。图中左边的矩形代表光激发脉冲，它引起了 N 个激发态发色团，产生初始为 I 的荧光强度；随后呈指数形式衰减，在 I/e 处的时间即 τ_0 值。如果用对数作图，从其斜率可算出平均寿命。

但是，仅用一次激发脉冲，然后测量整个衰减过程实际上是困难的，因为这样对检出系统有很高的要求和亚纳秒的响应时间，为克服这个困难，采用了多次激发样品的单光子计数法，测量荧光衰减过程及平均寿命。理论上已经证明，多次激发建立起来的衰减过程与一次激发引起的衰减过程结果是一样的。

单光子计数法的基础是把上述过程变成观察一个光子、一个光子的发射过程，利用每一次激发，只观察从激发开始的时间到第一个发射出来的光子到达检出器的时间间隔，观察在不同时间，荧光光子出现的概率。例如，第一次激发，在 10ns 检出到光子；第二次激发，在 20ns 检出到光子；第三次激发，在 100ns 检出到光子；第四次激发，在 40ns 检出到光子等。只要激发次数足够多，统计结果就会得到如图 3-14 的指数曲线。曲线表示了不同时间荧光光子出现的情况，其中在20ns处最多。这就是荧光光子发射的概率分布。随着激发次数愈多，其统计结果与一次激发形成无数激发态，随后发射所形成的荧光强度衰减过程愈接近，直至相同。

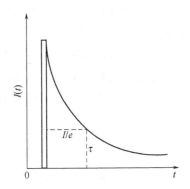

图 3-13　荧光强度随着时间衰减的曲线

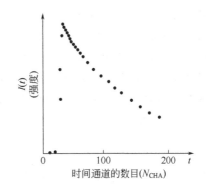

图 3-14　单光子计数法测定荧光衰减曲线

得到的结果用计算机进行数据处理，用单指数或双指数拟合，得到 τ。

3.13　Stern-Volmer 在动态猝灭与静态猝灭中的应用

激发态分子或荧光团由于加入像 I_2 与 O_2 等猝灭剂，彼此发生碰撞而造成荧光的猝死，又叫做动力学猝死或动态猝灭。这种猝灭服从 Stern-Volmer 方程。此方程从荧光量子效率或从激发衰变率都可导出。若 r 为衰变率，则其与有猝灭剂时总衰变率的比值即

$$\frac{F}{F_0}=\frac{r}{r+K_q[Q]}$$

或者写成

$$\frac{F_0}{F}=1+K_q\tau_0[Q]=1+K_d[Q]$$

式中，F_0，F 分别为没有和有猝死时的荧光；$[Q]$ 为猝灭剂的浓度；K_q 为双分子猝死常数；τ_0 是荧光团在无猝灭剂时的荧光寿命；K_d 就是 Stern-Volmer 猝灭常数，这说明荧光团的寿命越长，它与猝灭剂碰撞的概率越大。此概率则决定于它们的扩散速率、分子大小与浓度等：

$$K_q=4\pi aAD/10^3$$

D 为荧光团与猝灭剂扩散系数之和；a 为分子半径之和；A 为亚氏常数，测定 K_q 可以给出扩散系数的情况。测定 K_q 最好用荧光寿命而不用荧光强度，因为后者可能被其他因素干扰，其中一种就是下面要叙述的静态猝灭。

碰撞猝灭可使激发态去布局（depopulation），若激发态在有和无猝灭剂时的寿命分别为 τ 和 τ_0，则

$$\tau_0=r^{-1}$$
$$\tau=(r+K_q[Q])^{-1}$$

因此
$$\tau_0/\tau=1+K_q\tau_0[Q]$$

此式与 $\dfrac{F_0}{F}=1+K_q\tau_0[Q]=1+K_d[Q]$ 相似。它说明动态猝灭的一个重要特性，即荧光强度

的降低与荧光寿命的减少是等价的。因为 F_0/F 的测定较方便，通常还是常用此参量。又因为 F_0/F 的猝灭剂浓度呈线性关系，所以 F_0/F 对 $[Q]$ 作图可得到一条直线，其斜率就等于 K_d 或 $K_q\tau_0$，从而可得到猝灭常数的数值。Stern-Volmer 的线性关系只适用于溶液中只有一类荧光团的情况，并且它们对猝灭剂敏感性是相同的。若系统中含有两类荧光团，并且其中只有一类对猝灭剂敏感，则用 Stern-Volmer 方程得到的是向 x 轴弯曲的曲线。

静态猝灭是荧光团与猝灭剂在基态时就形成的不发荧光的络合物，当此络合物中荧光团吸收光能激发时，即刻回到基态而不发光，所以此时荧光强度与猝灭剂浓度的关系可从络合物形成时的络合常数 (K_q) 推导出来。静态猝灭的方程式与动态猝灭相似，只是在此以 K_s 代替 $K_q\tau_0$，则有

$$\frac{F_0}{F}=1+K_s[Q]$$

若在某一溶液中同时存在静态和动态猝灭，这时 S-V 曲线就是向 y 轴弯曲的曲线。因为发光的分数 F/F_0 是未络合的部分 (f) 以及未被碰撞猝灭的部分的乘积，因此

$$\frac{F}{F_0}=f\cdot\frac{r}{r+K_q[Q]}$$

而 $f^{-1}=1+K_s[Q]$，则：

$$\frac{F}{F_0}=(1+K_d[Q])(1+K_s[Q])$$

这个修改过的 Stern-Volmer 方程是 $[Q]$ 的二次方程

$$\frac{F}{F_0}=1+(K_d+K_s)[Q]+K_dK_s[Q]^2$$

令

$$K_{app}=(K_d+K_s)+K_dK_s[Q]$$

则

$$\frac{F}{F_0}=1+K_{app}[Q]$$

用 K_{app} 对 $[Q]$ 作图亦可得到一条直线，此直线的截距为 K_d+K_s，斜率为 K_dK_s。至于动态部分则可用 τ 来测定。

3.14   荧光寿命测定的应用

荧光技术分为静态荧光技术和时间分辨荧光技术。静态荧光技术固然重要，但是静态技术给出的只是平均化结果，平均化过程丢掉了有关分子运动的动态信息。例如在蛋白质或合成高分子研究中，不管实际荧光各向异性衰减多么复杂，静态荧光各向异性测定总是假定体系荧光各向异性衰减是单指数的，而实际上大多数大分子体系荧光各向异性衰减都是多指数衰减，这样就掩盖了实际体系的复杂性，丢掉了实际体系中荧光物种所处环境的差异性等信息。通过研究大分子体系荧光各向异性的实际衰减曲线可以得到有关大分子构象和链段柔性大小的信息。同样荧光强度衰减曲线也包含着十分有用的信息。例如生物大分子和合成高分子在溶液中往往具有多种不同的构象，因此相应的荧光衰减应该表现为多指数衰减形式。用时间分辨荧光各向异性研究供体和受体间的能量转移时，不仅可以得到能量转移效率，而且可以揭示受体在供体周围的分布形式。利用时间分辨荧光技术可以揭示荧光猝灭是自由扩散控制还是特异性结合控制。实际上许多分子间或分子内的弱相互作用信息，特别是动态信

息，只有通过时间分辨荧光技术才能得到。例如表面活性剂类两性分子在溶液或界面上的组装，纳米材料在储存过程中的相互聚集，蛋白质或其他大分子在固液界面吸附过程中的构象调整，大分子与大分子、大分子与小分子、大分子与金属离子等相互作用所引起的大分子构象变化，以及这种变化发生的程度和部位等重要问题，都有可能通过时间分辨荧光技术进行深入研究。此外，近年来时间分辨（荧光）成像（time-resolved-imaging）技术在临床检验上也获得了越来越广泛的应用。生物芯片技术的一个重要内容，就是利用芯片上荧光标记物与待测液中底物的特异性作用，实现对待测物的高效检测。

参考文献

[1]　姜月顺，李铁津等编. 光化学. 北京：化学工业出版社，2004.
[2]　张建成，王夺元等编. 现代光化学. 北京：化学工业出版社，2006.
[3]　樊美公，姚建年，佟振合等编. 分子光化学与光功能材料. 北京：科学出版社，2009.
[4]　吴世康编. 超分子光化学导论——基础与应用. 北京：科学出版社，2005.
[5]　康锡惠，刘梅清. 光化学原理与应用. 天津：天津大学出版社，1984.
[6]　邓南圣，吴峰编. 环境光化学. 北京：化学工业出版社，2003.
[7]　曹怡，张建成主编. 光化学技术. 北京：化学工业出版社，2004.
[8]　王乃兴，马金石，刘扬著. 生物有机光化学. 北京：化学工业出版社，2008.
[9]　吴世康著. 高分子光化学导论——基础和应用. 北京：科学出版社，2003.
[10]　朱若华，晋卫军. 室温磷光分析法原理与应用. 北京：科学出版社，2006.
[11]　许金钧，王尊本. 荧光分析法. 北京：科学出版社，2006.
[12]　刘剑波，周福添，宋心琦. 光化学（原理技术应用）. 北京：高等教育出版社，2005.
[13]　李善君. 高分子光化学原理及应用. 上海：复旦大学出版社，2003.

第4章 无辐射跃迁

4.1 无辐射跃迁

能量由高能级回到低能级的过程中，没有辐射出光子的跃迁就称为无辐射跃迁。无辐射跃迁一般来说是以热的形式释放多余的能量，包括振动弛豫、内部转移、系间窜跃及外部转移等过程。按照无辐射跃迁理论，激发态分子通过无辐射跃迁失活到能量更低的状态，通常可以包括两个步骤：第一，首先发生在等能点上的跃迁——从激发态的零振动能级跃迁到低能状态的高振动能级；第二，进而再经过振动弛豫，失去过量的振动能，达到零振动能级。

4.2 影响无辐射跃迁发生的因素

（1）Franck-Condon 积分

与辐射跃迁类似，无辐射跃迁也是垂直跃迁。

（2）能态密度

能态密度是单位能级间隔中振动能级的数目。不难理解，能态密度越大则无辐射跃迁越易于发生。

（3）能隙

能隙：不同的两个电子态之间的能差，能隙越小，两个不同的电子态越容易发生共振，从而越容易实现无辐射跃迁。无辐射跃迁的选律与辐射跃迁相反。这是因为无辐射跃迁没有光子的吸收和发射，因此不要求电子云节面数发生变化，所以无辐射跃迁 u→u、g→g 是允许的，u→g、g→u 是禁阻的。

4.3 内转换(internal conversion)

相同多重度能态之间的一种无辐射跃迁，跃迁过程中电子的自旋不改变，如 $S_n \to S_{n-1}$、$T_n \to T_{n-1}$，时间 10^{-12} s。

4.3.1 内转换的分类

高能态间的内转换，例如：$S_3 \to S_2$、$S_2 \to S_1$ 上的内转换；低能态间的内转换，例如：$S_1 \to S_0$、$T_1 \to T_0$ 上的内转换。高能态间内转换的能隙小，速度快。而低能态间的内转换能隙大，速度慢。

4.3.2 影响内转换发生的因素

（1）化合物结构的影响

分子内刚性的提高将减弱其内转换，相反，分子内刚性的降低将增加分子内振动，导致内转换的速率增加。

（2）重氢同位素的影响

当有机分子被氘取代以后，将使该分子的内转换的速率降低。原因是氘将导致分子内振动减弱。有机物中的氢原子被重氢原子取代后，将使该分子的内转换速率常数降低。温度升高将增加分子内的振动，因此可使内转换速率常数增加。反之亦然。

4.4　系　间　窜　跃

系间窜跃（intersystem crossing，ISC）是不同多重度的能态之间的一种无辐射跃迁。跃迁过程中有一个电子的自旋反转，如 $S_1 \rightarrow T_1$ 或 $T_1 \rightarrow S_0$。

影响系间窜跃发生的因素如下：

（1）分子结构的影响

一般规律是芳香酮的系间窜跃速率常数大于脂肪酮的系间窜跃速率常数，脂肪酮的系间窜跃速率常数大于芳香烃的系间窜跃速率常数。

（2）温度的影响

一般规律是温度升高，系间窜跃的速率常数增加，温度降低可以使系间窜跃的速率常数减小。

（3）重原子影响

含重原子的溶剂，由于重原子的高核电荷引起或增强了溶质分子的自旋-轨道偶合作用，从而增大了 $S_1 \rightarrow T_1$ 系间窜跃跃迁的概率，系间窜跃的速率常数增加。

（4）能隙的影响

能隙越小，能态间的系间窜跃速度越快，能隙越大，能态间的系间窜跃速度越慢。

（5）氧微扰的影响

体系中的氧是顺磁性物质，使激发单重态的体系间窜跃速率增大，因而会使荧光效率降低。所以做光化学实验的时候，一般要除氧。

（6）氘代的影响

氘代会使该分子的振动变慢，所以相应的系间窜跃的速率常数降低。

参考文献

[1] 姜月顺，李铁津等编．光化学．北京：化学工业出版社，2004.
[2] 张建成，王夺元等编．现代光化学．北京：化学工业出版社，2006.
[3] 樊美公，姚建年，佟振合等编．分子光化学与光功能材料．北京：科学出版社，2009.
[4] 吴世康编．超分子光化学导论——基础与应用．北京：科学出版社，2005.
[5] 康锡惠，刘梅清．光化学原理与应用．天津：天津大学出版社，1984.
[6] 邓南圣，吴峰编．环境光化学．北京：化学工业出版社，2003.

[7] 曹怡，张建成主编. 光化学技术. 北京：化学工业出版社，2004.

[8] 王乃兴，马金石，刘扬著. 生物有机光化学. 北京：化学工业出版社，2008.

[9] 吴世康著. 高分子光化学导论——基础和应用. 北京：科学出版社，2003.

[10] 刘剑波，周福添，宋心琦. 光化学（原理技术应用）. 北京：高等教育出版社，2005.

[11] 李善君. 高分子光化学原理及应用. 上海：复旦大学出版社，2003.

第 5 章 能量转移和电子转移

5.1 能 量 转 移

5.1.1 能量转移的概念

能量转移也叫能量传递。它是指能量从已经激发的粒子向未激发的粒子转移，或者在激发的粒子间转移的过程，这里指的粒子可以是原子、离子、基团或分子。其直观的表现就是给体和受体之间达到合适的距离，以供体的激发光激发，供体产生的荧光强度比它单独存在时要低得多，而受体发射的荧光却大大增强，同时伴随它们的荧光寿命相应缩短或增长。

能量转移过程广泛存在于天然和人工合成体系中。例如：光合作用的原初过程。分子激发能转移过程一般发生的距离范围约从1Å到100Å，时间从飞秒（10^{-15}）到毫秒。研究给体和受体能量转移可以帮助我们理解决定能量转移速率和效率的因素，并在此基础上实现对能量转移的控制和利用。

能量转移过程中失去能量的一方是能量给体（用 D 表示），能量转移过程中获得能量的是能量受体（用 A 表示）。

例如下式的化合物中，如果激发的是萘基，发射光却是 5-N,N-二甲氨基萘磺酰基，这说明萘基的激发能量转移至 5-N,N-二甲氨基萘磺酰基。

5.1.2 能量转移的分类

能量转移可发生在分子间和分子内。对分子间的能量转移来说，它既可以发生在不同的分子间，也可以发生在同一个分子内。分子内的能量转移则是指同一分子中的两个或几个发色团间的能量转移。如果一个分子中有两个发色团，其中一个，例如是羰基，另一个发色团，例如是苯环或萘环，若有选择地激发一个发色团，激发态能量会在发色团间转移，直至能量最低的 S_1 和 T_1。

能量转移可分为辐射和无辐射两种机理。而无辐射的能量转移又有库仑力作用和电子交换两种方式。辐射能量转移不涉及给体与受体间的直接相互作用，这种转移在稀溶液中可占主导地位。

5.2　辐射能量转移机理

5.2.1　辐射能量转移机理

辐射机理认为激发态的转移是通过一个分子发射光，接着被另一个分子吸收。第二个分子一点也不影响第一个分子发光，只是途中截取了光子。这种机理是两步过程：

$$D^* \longrightarrow D + h\nu$$
$$h\nu + A \longrightarrow A^*$$

按这种机理，每单位时间能量转移速率或概率取决于激发态给体 D^*。发射的量子产率、受体 A 的浓度和吸收系数以及 D^* 的发射光谱与 A 的吸收光谱的重叠程度有关。这三个因素中，每一项数值愈大，能量转移愈有利。通过辐射机理发生的能量转移，给体发射寿命不改变，而且与介质的黏度无关。

5.2.2　辐射能量转移机理的适用范围

辐射方式的能量转移，概念简单，但并非所有场合都能适用，仅在稀溶液中，它才是最可能的方式。

5.3　无辐射能量转移机理

5.3.1　无辐射能量转移机理的分类

无辐射能量转移是一步过程，它要求能量给体和受体分子间的直接作用。给体失去激发能与受体获得能量而激发同时发生。根据给体和受体之间相互作用本质，提出了两种方式：一种是库仑力作用（偶极-偶极相互作用），又叫共振能量转移；另一种是电子交换作用，又叫交换能量转移。共振能量转移是解释长距离范围内的能量转移，D 和 A 间距比它们的范德华半径加和大几倍（约 4~5nm）。

5.3.2　交换能量转移

交换能量转移是当 D 和 A 非常接近时，它们的电子云重叠，在重叠范围内电子是不可分的，结果在 D^* 激发的电子可能移至 A 上，从而形成激发电子的交换。由于电子云密度随 D^* 和 A 间距的增加而迅速减小，所以交换作用是短程范围内的相互作用（约 1nm）。

电子交换和库仑力作用两种机理可以用实验方法加以区别，方法是先测定能量转移速率常数（k_{ET}），把它同扩散速率常数（k_{diff}）比较，然后测定能量转移速率常数同黏度的关系。假如 k_{ET} 比 k_{diff} 大很多，k_{ET} 又与溶剂介质黏度无关，则可排除扩散的影响，可以认为是库仑力相互作用机理。相反，若 k_{ET} 同 k_{diff} 接近或小于 k_{diff}，同时 k_{ET} 对黏度敏感，这说明扩散对能量转移影响很大，这种过程属交换机理，因为它要求给体和受体紧密接触。

5.4　能量传递理论发展史

1918 年 Perrin 提出能量传递的概念。

1922 年 G. Cario 和 J. Franck 证明用 254nm 光激发汞和铊原子的混合蒸气，因 254nm 是汞原子的吸收谱带，可以产生 535nm 处铊原子的发射峰。

1924 年 E. Gaviola 和 P. Pringsham 观测到，荧光素的荧光发射随着溶剂黏度的增加会逐渐产生很强的去偏振现象。

1928 年 H. Kallmann 和 F. London 发展了气相中不同原子之间的激发能传递理论。第一次提出偶极-偶极相互作用和 R_0 参数的概念。

1932 年 F. Perrin 提出了溶液中不同分子间的激发能传递理论，并定量讨论了给体发射光谱与受体吸收光谱的重叠对能量传递的影响。

1946~1949 年 T. Förster 在此基础上发展了激发能传递理论，即我们熟知的 Förster 能量传递理论。

5.5　Förster 理论

5.5.1　能量耦合态

见图 5-1。

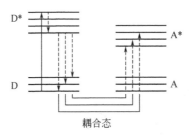

图 5-1　能量耦合态的产生

首先我们假设给体的能级和受体分子的能级差别不大，这样可以使得给体分子与受体分子产生一个能量耦合态，给体失去能量的过程和受体接受能量的过程几乎是一个同步的过程。所以存在偶极-偶极相互作用，这种相互作用依赖于给体与受体之间的距离，以及给体与受体之间的相对方位。

在此基础上，Förster 通过实验提出了在一个孤立的给体和受体对之间，由偶极-偶极相互作用产生的能量转移速率常数关系式：

$$k_{ET} = \frac{8.8 \times 10^{-25} K^2 \phi_D}{n^4 \tau_D R^6} \int_0^\infty F_D(\nu) \varepsilon_A(\nu) \frac{d\nu}{\nu^4} \tag{5-1}$$

式中，k_{ET} 是能量转移的速率常数；K^2 是取向因子，对无规则分布的 D 和 A，通常取为 2/3；ϕ_D 是给体发射荧光的量子效率；n 是溶剂的折射率；τ_D 是给体激发态的寿命；R 是给体和受体的间距；ν 是激发频率；$F_D(\nu)$ 是给体归一化的发射光谱；$\varepsilon_A(\nu)$ 是受体在频率处的消光系数。

5.5.2　取向因子

K^2 是取向因子（orientation factor）。取向因子可以下列关系式确定（图 5-2）。

$$K^2 = (\cos\theta_T - 3\cos\theta_D \cos\theta_A)^2$$

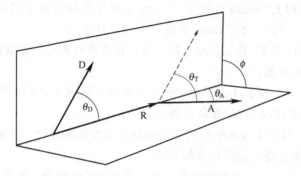

图 5-2 取向因子的确定

其中，θ_T 是给体和受体偶极矩之间的夹角，θ_D，θ_A 分别是给体和受体偶极矩和分离向量 R 之间的夹角，ϕ 是（D，R）和（A，R）平面之间的二面角。

它们之间的关系式如下：

$$\cos\theta_T = \sin\theta_D \sin\theta_A \cos\phi + \cos\theta_D \cos\theta_A$$

K^2 的变化范围是 0～4。对无规则分布的 D 和 A，通常取为 2/3。最后一项 $\int_0^\infty F_D(\nu)\varepsilon_A(\nu)\dfrac{\mathrm{d}\nu}{\nu^4}$ 一般用 J 表示，也就是光谱的重叠积分，一般写为：

$$J = \int_0^\infty F_D(\nu)\varepsilon_A(\nu)\frac{\mathrm{d}\nu}{\nu^4}$$

$F_D(\nu)$ 是给体归一化的发射光谱，见图 5-3。

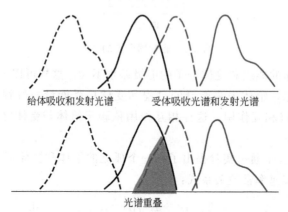

给体吸收和发射光谱　　　　受体吸收光谱和发射光谱

光谱重叠

图 5-3　给体的发射光谱和受体吸收光谱重叠，图中阴影部分
表示发射光谱和受体吸收光谱重叠的大小

各项常数（除去 R^6 及 τ_D）结合起来定义为 Förster 距离 R_0

$$R_0^6 = \frac{8.8 \times 10^{-25} K^2 \phi_D}{n^4} \int_0^\infty F_D(\nu)\varepsilon_A(\nu)\frac{\mathrm{d}\nu}{\nu^4} \tag{5-2}$$

R_0 是某一特定距离，它的意义是给体和受体在这个距离时，能量转移概率是 50%，或者说能量转移速率等于没有受体存在时，给体的衰减速率，其理由是当 $R = R_0$ 时，$k_{ET} = \dfrac{1}{\tau_D}$。若定义 $\dfrac{1}{\tau_D} = k_D$（衰减速率常数）则 $k_{ET} = k_D$。这意味着 D*（给体激发态）激发能的消失中，

衰减和转移各占一半，即能量转移概率是 50%。结合上两式可以得到：

$$k_{ET} = \frac{R_0^6}{\tau_D R^6}$$

另一个经常使用的参数是能量转移效率 ϕ_{ET}，其定义是给体所吸收的能量转移到受体的比例。上述各式推导时都假定 R 是定值，即给体和受体对有固定的距离，因此比较适用于 D 和 A 同在一个分子中的情况，若不在同一分子中，给体和受体的间距是不固定的，这样就需要更为复杂的表达式。

$$\phi_{ET} = \frac{k_{ET}}{\tau_D^{-1} + k_{ET}} = -\frac{k_{ET}}{k_D + k_{ET}} = \frac{R_0^6}{R_0^6 + R^6}$$

所以：

$$R = \left(\frac{1}{\phi_{ET}} - 1\right)^{1/6} R_0$$

R 是给体发色团中心和受体发色团中心的距离，其中 R_0 也被称为 Förster 半径。

5.5.3 能量转移的各种形式

单线态-单线态间的能量转移，无论是库仑力作用还是电子交互作用，单线态间的能量传递都是自旋允许的。单线态-单线态间的能量传递可以用下式表示：

$$D^*(S_1) + A(S_0) \longrightarrow D(S_0) + A^*(S_1)$$

三线态-三线态间的能量转移

$$D^*(T_1) + A(S_0) \longrightarrow D(S_0) + A^*(T_1)$$

三线态间能量转移只能以电子交互机理完成，库仑作用是自旋禁阻的。要实现三线态间能量转移，需要满足以下几个条件：给体的最低激发态能量要低于受体的最低激发态能量，避免发生单线态间的能量传递，给体的最低激发三线态的能量要高于受体的最低激发三线态的能量，从而有利于三线态间的能量传递，要选择一种波长，使得给体 D 在受体 A 的存在下能完全激发，给体的系间窜跃的效率要高。见图 5-4 其他三线态-单线态和单线态-三线态间的能量转移并不多见。

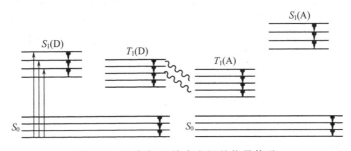

图 5-4　三线态-三线态之间的能量传递

5.6　激子转移机理

其他的能量传递理论还有激子转移机理。如果给体与受体相互作用大于单独分子内电子运动和核运动间的相互作用时，则称之为强相互作用或强耦合。这时给体与受体中振动子跃迁实际上是互相共振的，因此激发能转移速率比核振动快，而且核平衡位置在激发能转移时无实质性变化。这时的激发是离域的，也即在整个体系上分布，相当于用电子激发态定态来描述体系，被定义为激子态，这种强相互作用引起的激发能转移也叫激子转移。

5.7 各能量转移机理的适用范围

实际问题研究中往往遇到多种机理存在于同一体系中。影响转移机理最重要也是最直观的一个因素是给体与受体间的距离。一般来说，长距离转移属于库仑机理，接下来按距离由长至短，能量转移的机理依次是通过键的超交换机理、电子交换机理和激子机理。但这种距离界限并不是很明确，所以确定一个体系中的能量转移的机理不是一件简单的事情。由单一因素来确定机理的做法往往是不可靠的。

5.8 能量转移研究方法

能量转移的实验研究方法有稳态光谱法（常用的有吸收光谱、荧光发射和偏振光谱、线二色及圆二色谱等）和时间分辨光谱法（瞬态吸收和时间分辨荧光光谱）。能量转移的理论研究方法包括确定型方法、随机型方法。

5.9 荧光共振能量转移在生物学上的应用

荧光共振能量转移（FRET）（Fluorescence/Förster resonance energy transfer）是比较分子间距离与分子直径的有效工具，广泛用于研究各种涉及分子间距离变化的生物现象，测量前先将给体分子和受体分子标记到蛋白质，这样可以通过测量给体分子和受体分子能量传递效率的变化来定量测定两个发光基团之间的距离。FRET 在蛋白质空间构象、蛋白与蛋白间相互作用、核酸与蛋白间相互作用以及其他一些方面的研究中得到广泛应用。FRET 的应用：①可用于研究蛋白质以及蛋白复合体的结构和空间构象与布局；②研究蛋白质的折叠，蛋白质折叠是一个非常繁杂的过程，因为它涉及到通过大量途径来将无数去折叠构象连接成为唯一的天然构象。在用实验方法来探索各个途径所占比例的漫长过程中，FRET 已经能够测量自由状态下单分子蛋白折叠的表面自由能特征，这些数据用其他方法是难以得到的。

5.10 电子转移

5.10.1 电子转移

电子转移是最基本和最重要的化学反应之一。它在物理学（半导体、显微扫描技术）、合成（光）化学、分子生物学（DNA 的降解与修复、酶催化等）、超分子化学、材料科学以及显像技术等领域扮演着极为重要的角色。大半个世纪以来，人们对电子转移反应进行了卓有成效的实验和理论研究。在过去的 20 多年，诺贝尔化学奖被多次授予从事电子转移相关工作的科学家，这不仅反映了电子转移在这些领域中的突出地位和重要作用，而且也说明它巨大的科学和实用价值。

1983 年授予 H. Taube 诺贝尔化学奖，表彰他在无机化学体系中氧化还原反应机制的开创性研究。

1988 年由 H. Michel，J. Deisenhofer 及 R. Huber 共享诺贝尔化学奖，表彰他们在阐明细菌光合作用反应中详细机理方面的贡献，而这一过程所涉及的机制显然也与光诱导的电子转移过程相关。

1992 年 10 月 14 日瑞典皇家科学院宣布，1992 年诺贝尔化学奖授予美国加州理工学院 Rudolph A. Marcus 教授，以表彰 1956～1965 年期间他在"电子转移过程理论"方面所做出的重要贡献。

光诱导电子转移（PET）是光化学的一个重要分支，它是研究光激发分子作为强氧化剂和强还原剂的化学物理性质的一门学科，是指电子给体或者电子受体首先受光激发，激发态的电子给体与电子受体之间或者电子给体与激发态的电子受体之间的电子转移反应。一个激发的分子与其基态相比通常是一个更好的电子供体（donor）或者电子受体（acceptor），通过电子的转移，它会"敏化"或者永久改变其邻近分子的化学物理性质。光诱导电子转移反应包括初级电子转移反应和它的次级过程，前者指电子在激发态与基态分子之间通过转移形成电荷转移复合物的过程，后者指电子返回基态、系间窜跃、离子对的分离或复合等过程。电子转移的分类主要分为分子间的电子转移和分子内的电子转移。

5.10.2　电子转移体系

典型的 PET 体系由三部分组成：包含电子给体（D）的主体分子，通过一间隔基 B（或是桥基）和电子受体（A）相连而成。D、A 部分是光能吸收和荧光发射的主要场所，主体部分则用于结合受体，这两部分被间隔基隔开，但又靠间隔基相连成一个分子，构成了一个在选择性识别受体的同时又给出光信号变化的超分子。见图 5-5。

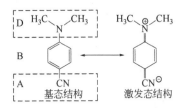

图 5-5　DBA 体系的基态和激发态的结构

当 DBA 体系吸收光发生激发后，其电荷要重新分布，导致了分子在基态和激发态时的光吸收和发射、反应活性、氧化还原性质等方面的差异。当分子被激发后，它处于高能且不稳定状态，很容易失活重新回到基态。

5.10.3　电荷分离态的实现

将 D 和 A 连接起来构成超分子，假定 D 和 A 之间耦合很小（图 5-6），电荷分离态的实现有两种方式。体系吸收光后，既可以是 D 被激发，也可以是 A 被激发，如图 5-6 所示。如果 D 被激发，生成 D*A，D 的 HOMO 轨道上的一个电子将被提升到 LUMO 轨道。如果

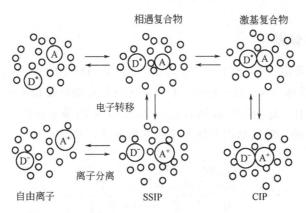

图 5-6　电荷分离态的产生示意图

A 被激发，生成 DA*，A 的 HOMO 轨道上的一个电子将被提升到 LUMO 轨道。总之，无论 D 和 A 哪个被激发，最后都能得到电荷分离的 D＋A⁻态。D＋A⁻态是不稳定的，其 LUMO 轨道上的电子将会跃迁回 HOMO 轨道，从而发出荧光，体系回到基态。

5.10.4　光诱导电子转移的产生过程

图 5-7 更直观地描述了溶液中电子转移反应的不同过程。首先激发态分子或基态分子在溶液中碰撞形成相遇络合物。这种络合物可以直接发生电子转移而生成溶剂隔离离子对（SSIP），也可以先生成激基复合物再发生电子转移生成紧密离子对（CIP），其中 SSIP 和 CIP 相互平衡。在强极性溶剂中，经过 SSIP 正负电荷分离并扩散生成自由的正负离子自由基，但是多数情况下，电子转移生成的紧密离子对或溶剂隔离离子对还没来得及分开，热力学允许的电子回传就在短距离内快速发生了，又回到了给体和受体的基态从而浪费了能量。

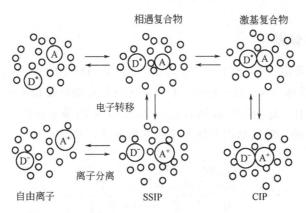

相遇复合物　　　激基复合物

电子转移

离子分离

自由离子　　　SSIP　　　CIP

图 5-7　光诱导电子转移过程

5.10.5　光诱导电子转移基本理论

目前，光诱导电子转移基本理论主要有两种：一是直接以反应自由能变化值 ΔG_0 的正负直接判断电子转移反应能否发生的 Rehm-Weller 方程，二是以电子转移反应的活化能和自由能的相对大小来判断电子转移反应能否发生的 Marcus 理论。其中最重要的是 1956 年 Marcus 提出的电子转移反应理论。该理论认为：电子转移反应速率取决于电子给体与电子受体间的距离，反应自由能的变化以及反应物与周围溶剂重组能的大小，电子转移速率常数可表示为：

$$k_{ET} = \frac{2\pi}{h} H_{DA}^2 \left(\frac{1}{4\pi \lambda RT} \right)^{1/2} \exp\left[\frac{(\Delta G^0 + \lambda)^2}{4\lambda RT} \right]$$

式中，ΔG_0 为电子转移反应的自由能变化值；λ 为电子转移前后电子给体与受体的内部结构以及周围溶剂分子的取向调整所需要的重组能；H_{DA} 为电子转移前后的电子轨道偶合常数，一般取决于电子给体和受体的中心距离，而与介质的性质无关。

Marcus 通过对电子转移反应速率的研究，推出一个极为简单的公式，可用以描述电子转移反应活化能 G^* 与反应中自由能变化 ΔG^0 以及总的重组能 λ 之间的关系：

$$\Delta G^* = \frac{(\Delta G^0 + \lambda)^2}{4\lambda}$$

电子转移反应活化能 G^* 与反应中自由能变化 ΔG^0 以及总的重组能 λ 之间的关系式，Marcus 电子转移理论模型可以分为三个区域，且各个区域与电子转移的机理密切相关。

第一种情况：当 $-\Delta G < \lambda$ 时，ΔG_0 越负，ΔG^* 越小，相应的电子转移速率越大，属于 Marcus 正常区。

第二种情况：当 $-\Delta G \approx \lambda$ 时，ΔG^* 可以达到一个最小值零，相应的电子转移速率最大。

第三种情况：当 $-\Delta G > \lambda$ 时，ΔG_0 越负，ΔG^* 越大，相应的电子转移速率越小，属于反转区。

5.10.6 分子间电荷转移的途径

在溶液中，独立存在的电子给体和电子受体的相互作用，由于溶剂的参与，可形成下列各种状态：相遇复合物（encounter complex），碰撞复合物（collision complex），激基复合物（exciplex），接触离子对（contact ion pair，CIP），溶剂分隔离子对（solvent-separated ion pair，SSIP），自由离子（free ions）等。

相遇复合物中的电荷转移：相遇复合物是由激发态和基态分子相互作用生成的集合物。在溶剂笼中二者相距约 0.7mm。激发态分子在衰变前与基态分子相遇并形成相遇复合物后，接着便发生碰撞、分离、再碰撞、…。其中，分子在形成相遇复合物期间可以完成激发态分子向基态分子的电荷转移过程，并有可能进而生成溶剂分隔的离子对。

碰撞复合物中的电荷转移：激发态分子向基态受体间的电荷转移，如发生在碰撞复合物阶段，将立即形成紧邻离子对，也有可能生成溶剂分隔的离子对，并依溶剂极性的不同相互转化。激基复合物中的电荷转移形成激基复合物是一条重要的电荷转移途径。由于激基复合物的两部分都带有微量的电荷，因而具有较大的偶极矩。其中容易形成夹心结构的有机平面分子较容易形成激基复合物。见图 5-8。

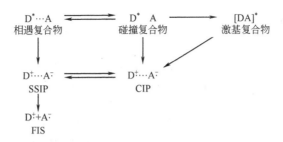

图 5-8 相遇复合物和激基复合物中的电荷转移

5.10.7 电子跳跃转移

给体与受体之间可以在溶剂参与下（并非必要条件）实现电子越过多个分子后的转移，这是一种长距离的电荷转移机制。

5.10.8　分子间电荷转移的研究方法

可以利用发射光谱、吸收光谱、闪光光解、CIDNP 以及其他瞬态或时间分辨技术，但相对来说至今还没有形成一种十分有效的研究方法。

5.11　能量传递和光诱导电子转移的应用

5.11.1　模拟光合作用

自然界的光合作用过程能够非常高效地转化和存储太阳光能量。光合作用中最重要的光能转换过程是通过原初反应和电荷稳定过程实现的。原初反应电荷分离产生高化学活性的正、负离子自由基，分别推动一系列电子转移的氧化还原反应。因此原初电荷分离过程是光系统实现光能转换为化学能的关键。大量的模拟工作都是围绕光合作用反应中心的电荷分离过程，试图在人工模拟体系中得到长寿命的电荷分离态。

5.11.2　太阳能电池

太阳能电池是通过光电效应或者光化学效应直接把光能转化成电能的装置。以光电效应工作的薄膜式太阳能电池为主流，而以光化学效应原理工作的太阳能电池则还处于实验室阶段。太阳光照在半导体 p-n 结上，形成新的空穴-电子对。在 p-n 结电场的作用下，空穴由 n 区流向 p 区，电子由 p 区流向 n 区，接通电路后就形成电流。

5.11.3　光催化分解水制氢

氢气是一种非常清洁的替代能源。与不可再生能源石油和煤不同，它燃烧后不产生对环境有害的物质，因而光解水制氢的研究受到广泛的关注。科学家们试图寻找高效低耗的途径来捕获太阳能分解水产生氢气。从太阳能利用的角度而言，光催化分解水制氢利用的是太阳能中的光能，因此在光解水过程中应首先考虑尽可能多地利用太阳能波长中的可见光部分，这就要求催化剂在可见光区有吸收。光诱导电子转移产生了一个高能的离子对，随后使水分解生成氢气和氧气。

参考文献

[1]　吴世康. 超分子光化学进展. 感光科学与光化学，1995，13：334-337.
[2]　姜月顺，李铁津等编. 光化学. 北京：化学工业出版社，2004.
[3]　张建成，王夺元等编. 现代光化学. 北京：化学工业出版社，2006.
[4]　樊美公，姚建年，佟振合等编. 分子光化学与光功能材料. 北京：科学出版社，2009.
[5]　吴世康编. 超分子光化学导论——基础与应用. 北京：科学出版社，2005.
[6]　康锡惠，刘梅清. 光化学原理与应用. 天津：天津大学出版社，1984.
[7]　邓南圣，吴峰编. 环境光化学. 北京：化学工业出版社，2003.
[8]　曹怡，张建成主编. 光化学技术. 北京：化学工业出版社，2004.
[9]　王乃兴，马金石，刘扬著. 生物有机光化学. 北京：化学工业出版社，2008.
[10]　吴世康著. 高分子光化学导论——基础和应用. 北京：科学出版社，2003.
[11]　B. W. Van Der Meer, G. Coker, S. Y. Chen. Resonance energy transfer theory and data：1991 Wiley-

VCH Publishers.

[12]　van Grondelle R，Dekker J P，Gillbro T，et al. Energy transfer and trapping in photosynthesis. Biochim. Biophys. Acta，1994，1187：1-65.

[13]　Hess S，Akesson E，Cogdell R J，et al. Energy transfer in spectrally inhomogeneous light harvesting pigment-protein complexes of purple bacteria. Biophys. J，1995，69：2211-2225.

[14]　Y. Li，J. P. Zhang，J. Xie，J. Q. Zhao*，L. J. Jiang. Temperature-induced decoupling of phycobilisomes from reaction centers. Biochim. Biophys. Acta. -Bioenergetics，2001（1504）：229-234.

[15]　Y. Li，J. P. Zhang，J. Q，Zhao*，L. J. Jiang. Regulation mechanism of excitation energy transfer in phycobilisome-thylakoid membrane complexes. Photosynthetica. 2001（39）：223-227.

[16]　樊美公. 光化学基本原理与光子学材料科学. 北京：科学出版社，2001.

[17]　D. Rehm，A. Weller. Kinetics of fluorescence quenching by electron and hydrogen atom transfer，Isr. J. Chem. 1970，8：259-271.

[18]　上海植物研究所，中科院北京植物研究所. 光合作用研究进展//第一集.

[19]　R. E. Blankenship. Molecular Mechanisms of Photosynthesis；Blackwell Science；Oxford，2002. N. J. Turro，Modem Molecular Photochemistry，Bejamin/Cummings；Menlo Park，CA，1978.

[20]　D. Gust，T. A. Moore and A. L. Moore，Molecular mimicry of photosynthetic energy and electron transfer，Acc. Chem. Res. ，1993，26：198-205.

[21]　A. M. Brun，S. J. Atherton，A. Harriman，V. Heitz，F. Odobel，J. P. Sauvage. Photophysics of entwined porphyrin conjugates：competitive exciton annihilation，energy transfer，electron transfer and super exchange processes，J Am Chem Soc，1992，114：4632-4639.

[22]　杜波，陈晓燕. 内蒙古环境科学. 光化学催化氧化技术研究进展，2007，19：52-54.

[23]　李善君. 高分子光化学原理及应用. 上海：复旦大学出版社，2003.

第 6 章　光化学反应

6.1　光化学反应

光化学反应，亦称光反应或者光化作用，是物质在可见光或紫外线的照射下而产生的化学反应。例如，二苯甲酮和异丙醇都很稳定，它们接触时不发生反应，但在光作用下，两者可以进行化学反应。光化学反应在生物化学和有机化学中有着重要的意义。在有机化学中，利用一定波长的光，可使有机分子变成自由基或使卤分子变成卤原子，进行联合、卤化、环化、加成等各种化学反应。

光化学反应可以根据沿着反应坐标所经历的势能面变化，分为绝热的或非绝热的类型。其中反应发生在同一连续变化的势能面内，我们称这种反应是绝热的；若化学变化要交叉到另一个势能面，则称为非绝热的。介于绝热和非绝热之间的称为中间型。如图 6-1 所示。

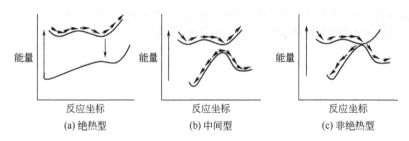

图 6-1　光化学反应按势能面性质的分类

根据上述判据，在绝热的光化学反应中，反应物与产物，以至过渡态必须是相关的，产物处于激发态，可以借助荧光方法或光化学行为来检测。

在非绝热型反应中，如大多数的凝聚相光化学反应，受光激发后的分子体系会从能量高的势能面滑到低位，再经过无辐射跃迁回到基态后形成基态分子。

6.2　激发态分子光化学反应的特点

通常基态分子的化学行为主要依赖于其最弱的束缚电子性质，而对处于激发态的分子来说，由于其内能和分子电子密度分布与基态分子完全不同，因此其化学性质与基态分子相比有很大的差异，表现出如下一些特点：

① 电子激发态的分子可能处于特定的振动和转动模式发生反应，这在基态分子内通常是不可能的。

② 由于激发态分子核间的束缚能力常常比基态分子弱得多，因此易于离解，如果是被激发到排斥态而离解，则其光离解效率可达 1（光引发离解称为光致离解）。

③ 通常分子内被激发的电子会到达很弱束缚的分子轨道内，因此分子具有很大的把电

子转移给亲电子试剂的倾向。

④ 由于分子内或分子间的电荷转移，在无机化合物或络合物体系中，会引起氧化还原反应。

⑤ 一个体系中处于激发态的电子可以同另一个体系中未配对电子发生相互作用，以致形成新的化学键。

6.3　光　解　离

当分子吸收的光子能量大于或等于分子的某化学键的离解能时，分子就会直接离解，光解离是最基本的光化学过程，它可以导致处于电子激发态的分子发生光化学反应。光解离有三种主要类型：光学解离、预解离和诱导解离。光学解离是指分子吸收光子后，跃迁到某一个特定的电子激发态的同时，还具有直接导致分子解离成碎片的超额能量的过程。预解离指处于解离阈值下的一个可以和该能态势能面交叉的另一个电子激发态间进行无辐射跃迁的状态，并且由此导致后者发生解离的过程。由于多原子分子存在着多个势能面，振动模式也多，态与态间的无辐射跃迁的概率大大提高。所以在多原子分子体系中，预解离的现象十分普遍。当体系受到环境所产生的微扰时，某些态之间的交叉概率（或者寿命）可以增加，于是预解离过程发生的概率也随着增加。这种在外部环境微扰条件下的预解离，称为诱导解离。例如：增加压力或者引入其他的惰性气体都会使得体系压力增大，而发生反应物的预解离。

在光解离过程中，产物分子的对称性必须与反应物分子的对称性相互关联，其中在绝热反应中反应分子和产物分子必须位于相同的势能面上。

6.3.1　气相光化学

① 烷烃在真空紫外区有很强的（$\delta \rightarrow \delta^*$）允许跃迁，吸收系数很大（$10^4$）。甲烷的吸收从 144nm 开始，高级烷烃的吸收波长略有红移。光解反应如下所示：

$$RCH_2R' + h\nu \longrightarrow RCR' + H_2$$

$$R\overset{\cdot}{C}H_2R' + h\nu \longrightarrow RCHR' + H\cdot$$

② 不饱和烃的最大吸收波长在 180nm 左右，属于 $\pi \rightarrow \pi^*$ 跃迁。共轭体系增大后，吸收波长红移。不饱和烃的光化学反应包括异构化和光解离。

$$CH_2 = CH_2 + h\nu \longrightarrow H_2 + H_2C = C\colon$$
$$\longrightarrow 2H + H_2C = CH$$
$$\longrightarrow H_2 + HC \equiv CH$$
$$\longrightarrow 2H + HC \equiv CH$$

③ 多烯烃的光解离只在低压气相中发生，加入外部惰性气体后可受到抑制。

④ 简单的芳烃在近紫外区有中等的吸收强度。短波长的光可使苯发生完全解离，而长波长的光则只能使苯产生激发态，继而发生光化学反应式辐射失活。

6.3.2　溶液中的光化学

与气相光化学反应相比，在溶液中光的吸收和激发态的弛豫过程都要受到溶剂的影响，表现为溶质的能量发生变化，吸收光谱的强度也要受到溶剂的影响，吸收谱线的碰撞加宽，转动精细结构消失。溶液中激发态的弛豫过程发生明显变化的重要原因有：碰撞频率增加使得原初光化学过程的量子产率降低；激发态分子与溶剂分子间发生反应；激发态解离生成的碎片也可能和溶剂分子发生反应。溶液中的光化学过程与气相光化学过程的差别，可能与溶质分子在溶液中处于溶剂笼中有关。

6.3.3 离子型物种的光化学

离子型物种的光化学是溶液中另一类型的光化学，和中性分子的不同主要表现为离子的原初光化学过程通常具有氧化还原的特征。光解水溶液中的离子时，可以产生出电子。

6.4 多光子解离和电离

以高功率近红外光激光为代表的高能辐照下的多光子激励，和继而引发的光化学过程，已经成为光化学中一个十分重要的领域。对于多光子激发，它的优点是由于近红外光激发，故对样品的损伤大大减小，由于双光子的激发效率与短波长的单光子相当，使得许多在可见区甚至紫外区困难的实验可以通过多光子激励加以完成。实现对分子的多光子激励，有两种常用的机制：一种是共振激励机制，通过分子 n 个光子的同步吸收，使其经共振激励而升至很高的电子束缚态（连续的解离态或预解离态）；另一种为非共振激励，即中间能级是实际存在或部分存在的，分子的激励过程类似于在间隔基本相近的阶梯上攀升的过程。

6.5 常见的有机光化学反应

6.5.1 羰基化合物

羰基化合物是一类非常重要的化合物，实验和理论工作者对此类化合物的光化学反应进行了系统的研究。处于激发态的酮类化合物主要发生两类反应。

诺瑞什Ⅰ型光解：在光作用下，羰基化合物 α 位的光解反应。如图 6-2 所示。

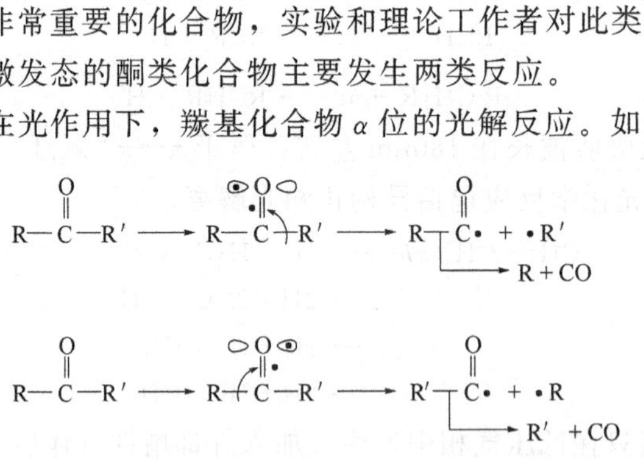

图 6-2　在光作用下羰基化合物 α 位的光解反应

诺瑞什Ⅱ型光解：在光的作用下，在 γ 位置上有 H 的酮，先发生自身光还原，然后开裂成烯烃和烯醇，后者经异构化变为相应的酮。

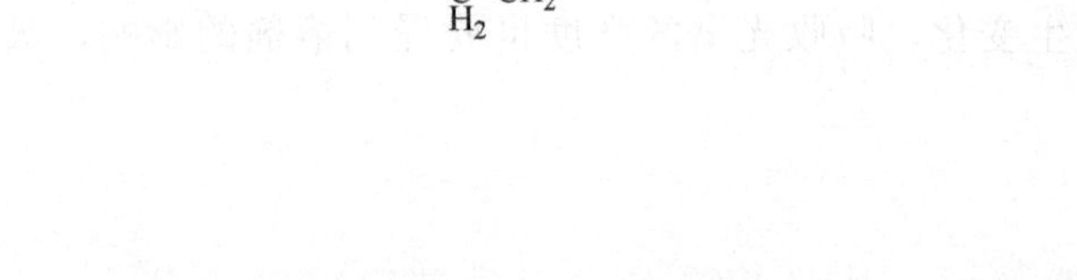

6.5.2 烯烃的异构化

烯烃的光顺反异构化是一个重要的有机光化学基元反应，异构化是由与双键相连的一端的基团，相对于另一端的基团发生了 $180°$ 变化引起的。通过热化学方法、催化方法和光化学方法都可以实现下列反应：

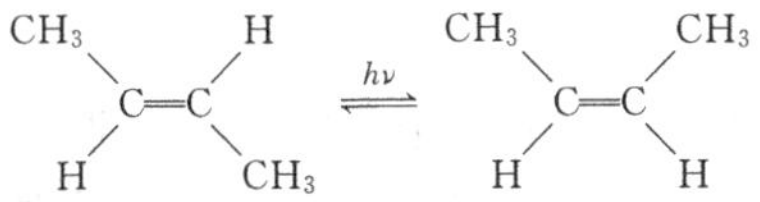

最简单的例子是，在气相以 $147\sim148nm$ 的光照射，从反式（t）二氘代乙烯得到顺式异构体（c），其反应机理是通过激发单重态的"P"态，经过内部转化为基态单重态，从而得到 c 或 t。由于烯烃的激发单重态和三重态之间的能隙太大，直接光照只能以激发单重态机理进行异构化，而烯烃的激发三重态的异构化，只能通过光敏化的方法。常见三重态敏化剂是羰基化合物，如丙酮、苯乙酮、二苯酮等，如图 6-3 所示。

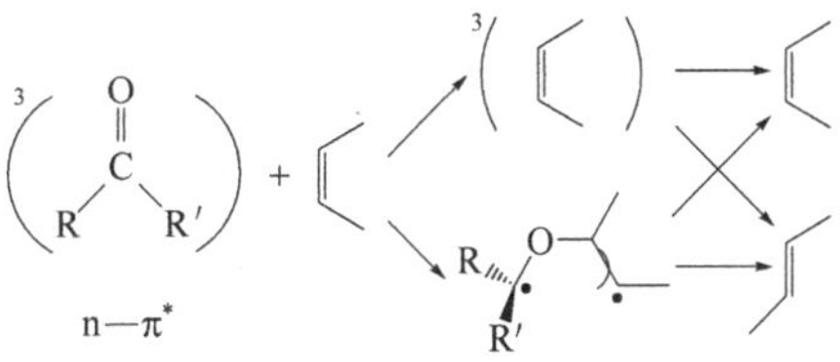

图 6-3　三重态敏化剂羰基化合物作用下的烯烃异构化

6.5.3 氮-氮双键的异构化

在外界激发源的作用下，一种物质或一个体系发生颜色明显变化的现象称为变色性。光致变色是指一种化合物 A 受到一定波长的光照射时，可发生光化学反应得到产物 B，A 和 B 的颜色（即对光的吸收）明显不同。B 在另外一束光的照射下或经加热又可恢复到原来的形式 A。光致变色是一种可逆的化学反应，这是一个重要的判断标准。在光作用下发生的不可逆反应，也可导致颜色的变化，只属于一般的光化学范畴，而不属于光致变色范畴。

偶氮苯（azobenzene）是一个典型的具有光致变色特性的分子，在特定波长的紫外光照射下，反式构型的偶氮苯会转变为顺式构型；在可见光或热作用下，顺式构型可回复到反式构型。以偶氮苯为例，图 6-4 给出了其光异构化机理，两种构型的偶氮苯分子具有明显不同的紫外可见吸收光谱，同时其物理性质例如介电常数、折射率等也大不相同。基于此，偶氮苯及其衍生物在光触发开关（optical switch）、全息数据擦写、图像存储以及生物学领域有着广泛的应用前景。

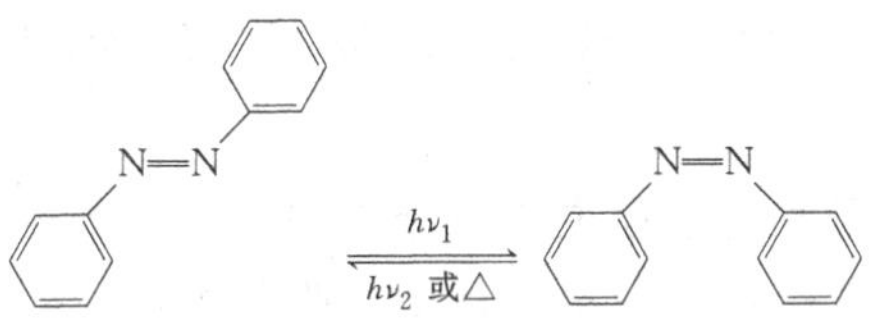

图 6-4　偶氮苯的光异构化

6.5.4 碳-氮双键的异构化

碳-氮双键的异构化机理和氮-氮双键的异构化类似，见图 6-5。

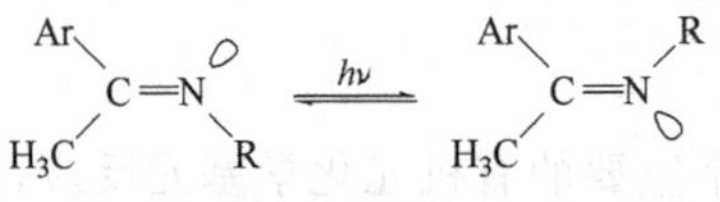

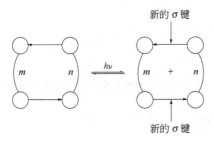

图 6-5　碳-氮双键的异构化

6.5.5　环合加成反应

光环合反应作为有机光化学反应中的一个研究热点，近年来始终深受有机化学家们的密切关注，它是指在光的作用下，一组 m 个原子与另一组 n 个原子的分子进行反应，生成 $m+n$ 个原子的环状化合物分子的反应，如图 6-6 所示。最常见的光环合加成反应是 [2+2]、[4+4] 和 [1+2] 类型；[2+4] 和 [3+2] 类型则较少。就光环合加成反应的过程来说，大致可以分为两类，一类是协同反应，另一类是分布反应。根据反应物是相同或不同分子，光环合加成又可分为分子内环合加成和分子间环合加成。光环合加成反应的研究主要集中在：碳-碳不饱和键之间的环合加成反应；羰基和硫羰基参与的光环合加成反应；含碳-氮不饱和键的光环合加成反应。

图 6-6　光环合加成反应

例如：[2+2] 光环合加成反应，见图 6-7。

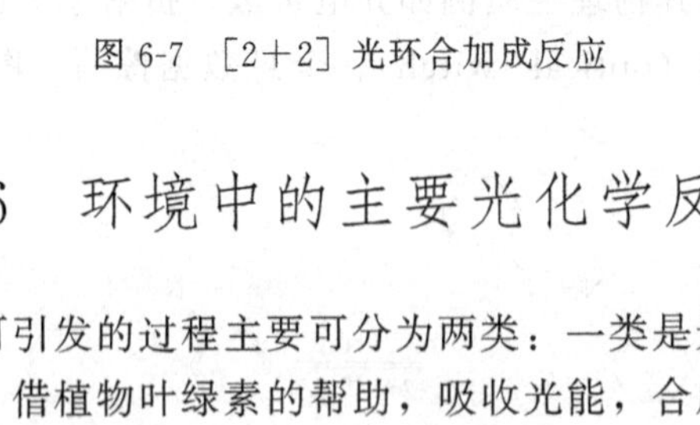

图 6-7　[2+2] 光环合加成反应

6.6　环境中的主要光化学反应

环境中的光化学反应可引发的过程主要可分为两类：一类是光合作用，如绿色植物使二氧化碳和水在日光照射下，借植物叶绿素的帮助，吸收光能，合成碳水化合物；另一类是光分解作用，如高层大气中分子氧吸收紫外线分解为原子氧，染料在空气中的褪色，胶片的感光作用等。

在环境中主要是受日光的照射，污染物吸收光子而使该物质分子处于某个电子激发态，引起分子活化而容易与其他物质发生的化学反应。如光化学烟雾形成的起始反应是二氧化氮

（NO_2）在日光照射下，吸收紫外线（波长 290～430nm）而分解为一氧化氮（NO）和原子态氧（O^3）的光化学反应。反应方程式可以写为 $NO_2 \longrightarrow NO + O_3$。由此开始的链反应，导致臭氧与其他有机化合物发生一系列反应，最终生成有害的光化学烟雾。光化学烟雾主要成分是过氧乙酰硝酸酯 PAN（peroxyacetyl nitrate），它没有天然源，只有人为源，其前体物是大气中氮氧化物和乙醛。在光的参与下，乙醛与 OH 自由基通过 O_2 生成过氧乙酰基，再与 NO_2 反应而得。PAN 不仅是造成光化学烟雾中刺激眼的主要有害物，它毒害植物，还可能诱发皮肤癌。

大气污染的化学原理比较复杂，它除了与一般的化学反应规律有关外，更多的是由于大气中物质吸收了来自太阳的辐射能量（光子）发生了光化学反应，使污染物成为毒性更大的物质（二次污染物）。我们说光化学反应是由物质的分子吸收光子后所引发的反应。分子吸收光子后，内部的电子发生跃迁以后，形成不稳定的激发态，然后进一步发生离解或其他反应。一般的光化学过程如下：

光照引发反应产生激发态分子（A^*）

$$A（分子）+ h\nu \longrightarrow A^* \tag{1}$$

A^* 离解可以产生新物质（C_1，C_2…）

$$A^* \longrightarrow C_1 + C_2 + \cdots \tag{2}$$

A^* 也可以与其他分子（B）反应产生新物质（D_1，D_2…）

$$A^* + B \longrightarrow D_1 + D_2 + \cdots \tag{3}$$

A^* 当然可以失去能量回到基态而发光（荧光或磷光）

$$A^* \longrightarrow A + h\nu \tag{4}$$

A^* 与其他化学惰性分子（M）碰撞而失去活性

$$A^* + M \longrightarrow A + M' \tag{5}$$

反应（1）是引发反应，即分子或原子吸收光子形成激发态 A^* 的反应。引发反应（1）所吸收的光子能量需与分子或原子的电子能级差的能量相适应。由于物质分子的电子能级差值较大，所以只有远紫外光、紫外光和可见光中高能部分才能使价电子激发到高能态。通常只有波长小于 700nm 的光才有可能引发光化学反应。也就是说，只有产生的激发态分子活性足够高，才能产生上述（2）～反应（4）一系列复杂反应。反应（2）和反应（3）是激发态分子引起的两种化学反应形式，其中反应（2）是大气光化学反应中最重要的一种，激发分子离解为两个以上的分子、原子或自由基，使大气中的污染物发生转化或迁移。反应（4）和反应（5）是激发态分子失去能量的两种形式，使反应物分子回到原来的状态。

大气中的 N_2，O_2 和 O_3 能选择性吸收太阳辐射中的高能量光子（短波辐射）而引起分子离解：

$$N_2 + h\nu \longrightarrow N + N \qquad \lambda < 120nm$$
$$O_2 + h\nu \longrightarrow O + O \qquad \lambda < 240nm$$
$$O_3 + h\nu \longrightarrow O_2 + O \qquad \lambda = 220 \sim 290nm$$

显然，太阳辐射中高能量部分波长小于 290nm 的光子，因被 O_2，O_3，N_2 吸收而不能到达地面。而大于 800nm 的长波辐射（红外线部分）几乎又完全被大气中的水蒸气和 CO_2 所吸收。因此只有波长为 300～800nm 的可见光才不被吸收，可以透过大气到达地面。

大气的低层污染物 NO_2、SO_2、烷基亚硝酸（RONO）、醛、酮和烷基过氧化物（RO-OR'）等在光的作用下也可发生光化学反应：

$$NO_2 + h\nu \longrightarrow NO\cdot + O\cdot$$
$$HNO_2(HONO) + h\nu \longrightarrow NO\cdot + HO\cdot$$
$$RONO + h\nu \longrightarrow NO\cdot + RO\cdot$$
$$CH_2O + h\nu \longrightarrow H\cdot + HCO\cdot$$
$$ROOR' + h\nu \longrightarrow RO\cdot + R'O\cdot$$

上述光化学反应一般吸收波长在 $300\sim400nm$ 的光。这些反应与反应物光吸收特性，吸收光的波长等因素有关。还应该指出，环境光化学反应大多比较复杂，往往包含着一系列复杂过程。

参考文献

[1] 朱灵峰，路福绥. 物理化学. 北京：中国农业出版社，2003.
[2] 姜月顺，李铁津等编. 光化学. 北京：化学工业出版社，2004.
[3] 张建成，王夺元等编. 现代光化学. 北京：化学工业出版社，2006.
[4] 樊美公，姚建年，佟振合等编. 分子光化学与光功能材料. 北京：科学出版社，2009.
[5] 吴世康编. 超分子光化学导论——基础与应用. 北京：科学出版社，2005.
[6] 康锡惠，刘梅清. 光化学原理与应用. 天津：天津大学出版社，1984.
[7] 邓南圣，吴峰编. 环境光化学. 北京：化学工业出版社，2003.
[8] 曹怡，张建成主编. 光化学技术. 北京：化学工业出版社，2004.
[9] 王乃兴，马金石，刘扬著. 生物有机光化学. 北京：化学工业出版社，2008.
[10] 吴世康著. 高分子光化学导论——基础和应用. 北京：科学出版社，2003.
[11] 李善君. 高分子光化学原理及应用. 上海：复旦大学出版社，2003.
[12] 阿特金斯 (Peter Atkins)，葆拉 (Julio de Paula). Atkins 物理化学. 第7版. (影印版). 北京：高等教育出版社，2006.

第7章 激光简介

7.1 激 光

激光是受激发射的光放大。其英文单词是 laser（light amplification by stimulated emission of radiation），即括号中 5 个英文单词第一个字母的缩写词。今天人们对激光并不陌生，如激光开刀，可自动止血；全息激光照片可以假乱真；还有激光照排、激光美容等。激光在军事上也有广泛应用。激光本质上是 20 世纪 60 年代出现的一种新型光源，能产生激光的装置称为激光器。第一台红宝石激光器是 1960 年美国休斯研究实验室的梅曼制成的，此后在激光器的研制、激光技术的应用以及激光理论方面都取得了巨大进展，并带动了一些新型学科的发展，如全息光学、傅里叶光学、非线性光学、光化学等。此外，激光还用于通信，与现代的高技术产业——信息工程密切相关。1961 年 9 月中国科学院长春光学精密机械研究所制成了我国第一台激光器。迄今为止，诺贝尔奖多次授予与激光有关的科学家：如 1964 年，美国汤斯、原苏联巴索夫和普洛霍罗夫因在激光理论上的贡献而获奖；1981 年美国肖洛因发展激光光谱学及对激光应用做出贡献、布隆伯根因开拓与激光密切相关的非线性光学领域共同获奖；1997 年美国科学家，朱棣文、科恩和飞利浦因首创用激光束将原子冷却到极低温度的方法共同获奖。

7.2 激光的产生原理

7.2.1 受激吸收

所谓受激吸收，是指处于低能级的粒子当吸收一定频率的外来光能后，会跃迁到高能级上。如图 7-1 所示。

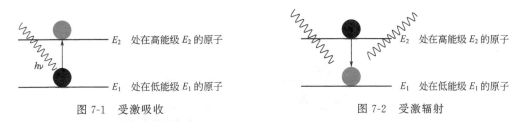

图 7-1 受激吸收 　　　　　　　　　　　图 7-2 受激辐射

7.2.2 受激辐射

与受激吸收相对应的过程是受激辐射，即处于高能级的粒子，在一定频率的外来光子作用下，跃迁到低能级上，同时发射一个与外来光子相同的光子。受激辐射是 1917 年由爱因斯坦提出。处在高能级上（E_2）的原子，受到能量恰为 $h\nu = E_2 - E_1$ 的外来光子的激励（或诱发，刺激）从而跃迁到低能级 E_1，并发射一个与外来光子"一模一样"的光子的过程。见图 7-2。

7.2.3　自发辐射

处在高能级（E_2，E_3，…）的原子，即使没有任何外界的激励，总是自发地跃迁到低能级（E_1），并且发射一个频率为 ν，能量 $h\nu = E_2 - E_1$ 的光子。其特点是自发辐射的光是非相干光，非相干光是指光波频率不相同，振动方向不相同，相位差不恒定的两列波，反之则称为相干光。见图 7-3。

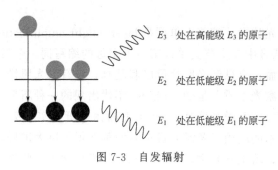

E_3　处在高能级 E_3 的原子

E_2　处在低能级 E_2 的原子

E_1　处在低能级 E_1 的原子

图 7-3　自发辐射

7.3　受激发射和光的放大

① 自发辐射的选择规则：电子从高能态向低能态的跃迁只能发生在角动量量子数 L 相差 $\pm L$ 的两个状态之间。

② 亚稳态能级：不满足选择规则的能级（寿命为 $10^{-3} \sim 1s$）。

受激发射指激光的发射方式，光是由物质的分子、原子、电子运动而产生的。与普通光的自发发射不同，当微粒受其他光的刺激而发光时，称受激发射。其特点是原子或分子所发射出来的光，在频率、位相、偏振与传播方向上都是一致的。激光正是大量原子、分子由受激发射所关联起来的集体发光行为。受激辐射产生的光子与入射光子是完全相干的；受激辐射中，光子成倍增长，产生了光放大。

7.4　激光的产生过程

激光是受激辐射发光，但实际上也存在自发辐射和吸收，见图 7-4。

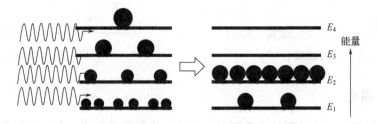

图 7-4　形成粒子数反转的状态

高能态粒子数大于低能态粒子数为非热平衡状态。在热平衡状态下，粒子数按能态的分布遵循玻尔兹曼分布律。可以通过下式表示：

$$\frac{N_2}{N_1} \propto \exp[-(E_2-E_1)/(kT)]$$

式中 k 为玻尔兹曼常数。

为了有效地产生激光，必须改变这种分布，形成粒子数反转的状态。粒子数反转（population inversion）是激光产生的前提。在通常情况下，处于低能级 E_1 的原子数大于处于高能级 E_2 的原子数，这种情况得不到激光。为了得到激光，就必须使高能级 E_2 上的原子数目大于低能级 E_1 上的原子数目，发生受激辐射，使光增强（也叫做光放大）。要达到这个目的，必须设法把处于基态的原子大量激发到亚稳态 E_2，使处于高能级 E_2 的原子数大大超过处于低能级 E_1 的原子数。这样就在能级 E_2 和 E_1 之间实现了粒子数的反转。例如，氦氖激光器中，通过氦原子的协助，可使氖原子中的两个能级实现粒子数反转而获得激光。

7.5 粒子数反转

通常实现粒子数反转要依靠两个以上的能级：通过比高能级还要高一些的泵浦光源，将低能级的粒子抽运到高能级。一般可以用气体放电的办法，利用具有高动能的电子去激发激光材料，称为电激励；也可用脉冲光源来照射光学谐振腔内的介质原子，称为光激励；还有热激励、化学激励等。各种激发方式被形象化地称为泵浦或抽运。使用特殊的激光材料是为了使原子在激发态多"呆"一会儿。要使激光持续输出，必须不断地"泵浦"，以补充高能级粒子向下跃迁的不断消耗。这样不但可以弥补损失，还可以不断放大。

7.6 激光器的结构

7.6.1 工作介质

产生激光的原子为可以实现粒子数反转的气体、液体或固体。所谓能级合适是指存在"亚稳态能级"，即激发态寿命 $t=10^{-3}$ s 左右，一般原子系统的激发态寿命只有 10^{-8} s。能级系统见图 7-5。

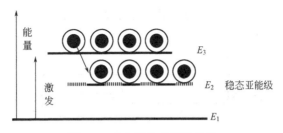

图 7-5 产生激光的能级系统

7.6.2 三能级系统

图 7-6 表示了红宝石激光器的三能级系统（three energy levels system）。红宝石是三氧化二铝，在其基质中有三个能级，即 E_0，E_1，E_2，其中 E_0 是稳态，E_2 是激发态，E_1 是亚稳态。处于 E_0 的粒子被激发到 E_2，粒子在 E_2 是不稳定的，约 10^{-7} s 内很快地自发无辐射

地落入亚稳态 E_1，粒子在 E_1 逗留时间较长，约 10^{-3} s。只要激发足够强，就能使得亚稳态的粒子数增多，基态的粒子数减少，从而实现粒子数反转。三能级激光器中，获得中间能态和基态间粒子数反转的效率不是很高。因为在开始抽运时，中间能态（即亚稳态）实际是空的，最低限度要将基态粒子数的半数抽运到中间态才可实现粒子数反转。

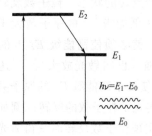

图 7-6　三能级系统，红宝石激光器

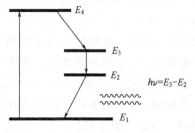

图 7-7　四能级系统

7.6.3　四能级系统

以惰性原子气体为激光工作物质的气体激光器。包括氦氖激光器、氩激光器等。氦氖（He-Ne）激光器诞生于 1962 年，属四能级系统（four energy levels system），见图 7-7，工作气体是氦气和氖气。其中氖原子产生激光，氦原子把它的激发能共振转移给氖原子，用以提高泵浦效率。氦氖激光器输出功率不大，一般为几毫瓦到几十毫瓦，与放电管长度和直径、充气气压、氦氖混合比、放电电流、输出镜透射率等因素有关。普通氦氖激光器输出波长为 632.8nm 的红色激光，采取一定措施后，可以得到绿色（543.5nm）、黄色（594nm）、红外（1.15nm 和 3.39nm）激光。

7.6.4　激励源（泵浦或抽运）

实现和维持粒子数反转，可用电激励，光激励，热激励，化学激励等方法，从外界吸收能量。使原子系统的原子不断从低能态跃迁到高能态以实现粒子数反转的过程，又称"激发"、"抽运"或"泵浦"。

7.6.5　光学谐振腔

要产生激光，还需要有一个能使受激辐射光持续放大的过程，该部分装置称为光学谐振腔，如图 7-8 所示。

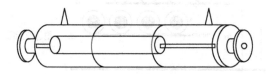

图 7-8　光学谐振腔

光学谐振腔是激光器的必要组成部分，通常由两块与工作介质轴线垂直的平面或凹球面反射镜构成。工作介质实现了粒子数反转后就能产生光放大。谐振腔的作用是选择频率一定、方向一致的光将其优先放大，而把其他频率和方向的光加以抑制。如图 7-9 所示，凡不沿谐振腔轴线运动的光子均很快逸出腔外，与工作介质不再接触。沿轴线运动的光子将在腔内继续前进，并经两个反射镜的反射，不断往返运行产生振荡。运行时不断与受激粒子相遇

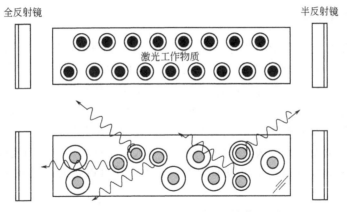

图 7-9　光学谐振腔的原理图

而产生受激辐射，沿轴线运行的光子不断增殖，在腔内形成传播方向一致、频率和相位相同的强光束，这就是激光。为把激光引出腔外，可把一端的反射镜做成部分透射的，透射部分成为可利用的激光，反射部分留在腔内继续增殖光子。光学谐振腔的作用有：①提供反馈能量；②选择光波的方向和频率。谐振腔内可能存在的频率和方向称为本征模，按频率区分的称纵模，按方向区分的称横模。两反射镜的曲率半径和间距（腔长）决定了谐振腔对本征模的限制情况。不同类型的谐振腔有不同的模式结构和限模特性。

7.7　激光器的种类

7.7.1　固体激光器

一般来讲，固体激光器具有器件小、坚固、使用方便、输出功率大的特点。这种激光器的工作介质是在作为基质材料的晶体或玻璃中均匀掺入少量激活离子，除了前面介绍用红宝石和玻璃外，常用的还有钇铝石榴石（YAG）晶体中掺入三价钕离子的激光器，它发射1060nm 的近红外激光。固体激光器一般连续功率可达 100W 以上，脉冲峰值功率可达 109W。

7.7.2　气体激光器

气体激光器包括 He-Ne、CO_2、Ar^+ 激光器等。气体激光器具有结构简单、造价低、操作方便、工作介质均匀、光束质量好、能长时间稳定连续工作等特点。也是目前品种最多、应用广泛的一类激光器，市场占有率可达 60% 左右。氦氖激光器输出波长 632.8nm，功率约几个毫瓦，采用几千伏高压的电激励，工作电流 10～20mA，可以采用内腔式、外腔式、半外腔式结构的光学谐振腔；CO_2 激光器输出波长 1064nm，功率一般约为 10W。

7.7.3　液体激光器

液体激光器的特点是输出波长连续可调，覆盖面宽，但工作原理比较复杂。常用的是染料激光器，采用有机染料为工作物质，利用不同的染料可以获得不同波长的激光（在可见光范围内），一般用激光作为泵浦源，如氩离子激光器等。

7.7.4 半导体激光器

半导体激光器体积、质量小，寿命长，结构简单而坚固，它是以半导体材料作为工作介质的。目前较成熟的是砷化镓激光器，发射840nm的激光。还有掺铝的砷化镓、硫化铬、硫化锌等激光器。激励方式有光泵浦、电激励等。由于它体积小、质量轻、寿命长、结构简单而坚固，特别适于在飞机、车辆、宇宙飞船上用。在20世纪70年代末期，由于光纤通信和光盘技术的发展，大大推动了半导体激光器在高技术领域的应用。

激光器也有不同的分类方法，根据激光输出方式的不同，又可分为连续激光器和脉冲激光器，其中脉冲激光的峰值功率可以非常大。此外，还可以按发光的频率和发光功率大小分类。

表7-1列出了常见的激光器主要性能。

表7-1　常见的激光器主要性能

类　型	增益介质	波长	峰值功率	脉冲宽度
气体	He-Ne	633nm	1mW	连续波
	Ar	488nm	10mW	连续波
	CO_2	10.6mm	200W	连续波
	CO_2（TEA）	10.6mm	5MW	20ns
半导体	GaAs	840nm	10mW	连续波
固体	红宝石（QS）	694nm	100MW	10ns
	Nd:YAG	1.06mm	50W	连续波
	Nd:YAG(QS)	1.06mm	50MW	20ns
	Nd:玻璃	1.06mm	10TW	11ps
染料	Rh6G(ML)	600nm	10kW	30fs
化学	HF	3mm	50MW	50ns
准分子	ArF	193nm	10MW	20ns

7.8　激光技术发展简史

激光器的发明是20世纪科学技术的一项重大成就。它使人们终于有能力驾驭尺度极小、数量极大、运动极混乱的分子和原子的发光过程，从而获得产生、放大相干的红外线、可见光线和紫外线，乃至X射线和γ射线的能力。激光科学技术的兴起使人类对光的认识和利用达到了一个崭新的水平。

激光器的诞生史大致可以分为几个阶段，其中1916年爱因斯坦提出的受激辐射概念是其重要的理论基础。这一理论指出，处于高能态的物质粒子受到一个能量等于两个能级之间能量差的光子的作用，将转变到低能态，并产生第二个光子，与第一个光子同时发射出来，这就是受激辐射。这种辐射输出的光获得了放大，而且是相干光，即多个光子的发射方向、频率、位相、偏振完全相同。此后，量子力学的建立和发展使人们对物质的微观结构及运动规律有了更深入的认识，微观粒子的能级分布、跃迁和光子辐射等问题也得到了更有力的证明，这就在客观上更加完善了爱因斯坦的受激辐射理论，为激光器的产生进一步奠定了理论基础。20 世纪 40 年代末，量子电子学诞生后，被很快应用于研究电磁辐射与各种微观粒子系统的相互作用，并研制出许多相应的器件。这些科学理论和技术的快速发展都为激光器的发明创造了条件。

如果一个系统中处于高能态的粒子数多于低能态的粒子数，就出现了粒子数的反转状态。那么只要有一个光子引发，就会迫使一个处于高能态的原子受激辐射出一个与之相同的光子，这两个光子又会引发其他原子受激辐射，这样就实现了光的放大；如果再加上适当谐振腔的反馈作用便形成光振荡，从而发射出激光。这就是激光器的工作原理。1951 年，美国物理学家珀塞尔和庞德在实验中成功地造成了粒子数反转，并获得了每秒 50kHz 的受激辐射。稍后，美国物理学家查尔斯·汤斯以及苏联物理学家马索夫和普罗霍洛夫先后提出了利用原子和分子的受激辐射原理来产生和放大微波的设计。

然而上述的微波波谱学理论和实验研究大都属于"纯科学"，对于激光器到底能否研制成功，在当时还是很渺茫的。但科学家的努力终究有了结果，1954 年前面提到的美国物理学家汤斯终于制成了第一台氨分子束微波激射器，成功地开创了利用分子和原子体系作为微波辐射相干放大器或振荡器的先例。

汤斯等人研制的微波激射器只产生了 1.25cm 波长的微波，功率很小。生产和科技不断发展的需要推动科学家们去探索新的发光机理，以产生新的性能优异的光源。1958 年，汤斯与他的姐夫阿瑟·肖洛将微波激射器与光学、光谱学的理论知识结合起来，提出了采用开式谐振腔的关键性建议，并提出了激光的相干性、方向性、线宽和噪声等性质。同期，巴索夫和普罗霍洛夫等人也提出了实现受激辐射光放大的原理性方法。此后，世界上许多实验室都被卷入了一场激烈的研制比赛，看谁能成功制造并且运转世界上第一台激光器。

1960 年，美国物理学家西奥多·梅曼在佛罗里达州迈阿密的研究实验室，用一个高强闪光灯管来刺激在红宝石水晶里的铬原子，从而产生一条相当集中的纤细红色光柱，当它射向某一点时，可使这一点达到比太阳还高的温度。至此，他勉强赢得了这场世界范围内的研制竞赛的胜利。

"梅曼设计"引起了科学界的震惊和怀疑，因为科学家们一直在注视和期待着的是氦氖激光器。尽管梅曼是第一个将激光引入实用领域的科学家，但在法庭上，关于到底是谁发明了这项技术的争论，曾一度引起很大争议。竞争者之一就是"激光"（"受激辐射式光频放大器"的缩略词）一词的发明者戈登·古尔德。他在 1957 年攻读哥伦比亚大学博士学位时提出了这个词。与此同时，微波激射器的发明者汤斯与肖洛也发展了有关激光的概念。经法庭最终判决，汤斯因研究的书面工作早于古尔德 9 个月而成为胜者。不过梅曼的激光器发明权却未受到动摇。1964 年，汤斯、巴索夫和普罗霍夫由于对激光研究的贡献分享了诺贝尔物理学奖。

中国第一台红宝石激光器于 1961 年 8 月在中国科学院长春光学精密机械研究所研制成功。这台激光器在结构上比梅曼所设计的有了新的改进，尤其是在当时我国工业水平比美国低得多，研制条件十分困难，全靠研究人员自己设计、动手制造。在这以后，我国的激光技术也得到了迅速发展，并在各个领域得到了广泛应用。1987 年 6 月，10^{12} W 的大功率脉冲激光系统——神光装置，在中国科学院上海光学精密机械研究所研制成功，多年来为我国的激光聚变研究做出了巨大的贡献。

7.9 激光的应用

激光，作为一种新类型的光源登上历史舞台以来，它带来光学应用技术上的革命，如今它在生产、生活、国防的各个方面都有着广泛应用，已成为几乎所有现代技术依赖的手段。下面仅就常见的应用做简要介绍。

7.9.1 激光在自然科学研究中的应用

（1）用激光固定原子

气态原子、分子处在永不停息的运动中（速度接近 340m/s），且不断与其他原子、分子碰撞，要"捕获"操纵它们十分不易。1997 年华裔科学家、美国斯坦福大学朱棣文等人，首次采用激光束将原子束冷却到极低温度，使其速度比通常做热运动时降低，达到"捕获"操纵的目的。具体做法是，用六路两两成对的正交激光束，沿三个相互垂直的方向射向同一点，光束始终将原子推向这点，于是形成约 106 个原子的小区，温度在 240μK 以下。这样使原子的速度减至 10m/s 量级。后来又制成抗重力的光-磁陷阱，使原子在约 1s 内从控制区坠落后被捕获。此项技术在光谱学、原子钟、量子效应研究方面有着广阔的应用前景。

（2）非线性光学效应

在熟知的反射、折射、吸收等光学现象中，反射光、折射光的强度与入射光的强度成正比，这类现象称为线性光学现象。如果强度除了与入射光强度成正比外，还与入射光强度成二次方、三次方乃至更高的方次变化，就属非线性光学效应。这种效应只有在入射光强度足够大时才表现出来。高功率激光器问世后，人们在研究激光与物质相互作用过程中观察到非线性光学现象，如频率变换、拉曼频移、自聚焦、布里渊散射等。

7.9.2 激光在军事领域的应用

激光测距、激光雷达、激光准直。

利用激光的高亮度和极好的方向性，做成激光测距仪、激光雷达和激光准直仪。激光测距的原理与声波测距原理类似，因为光速 c 已知，只要测量激光从发射至被物体接收反射回来的时间间隔即可。激光雷达与激光测距的工作原理相似，只是激光雷达对准的是运动目标或相对运动目标。利用激光雷达又发展了远距离导弹跟踪和激光制导技术，这些在 1991 年海湾战争中都已投入实用。激光制导导弹，头部有四个排成十字形的激光接收器（四象限探测仪）。四个接收器收到的激光一样多，就按原来方向飞行；有一个接收器接收的激光少了，它就自动调整方向。另一类激光制导是用激光束照射打击目标，经目标反射的激光被导弹上的接收器收到，引导导弹击中目标。激光准直仪起导向作用，例如在矿井坑道的开挖过程中为挖掘机导向。激光准直仪还被用在安装发动机主轴系统等对方向性要求很高的工作中。

7.9.3 激光用在制造加工领域

以激光良好的单色性和相干性为基础。激光全息技术可以用作无损探伤，即不用损坏零件便可检测出零件内部的缺陷。利用激光的亮度高和方向性好的特点，在机加工领域可以大有作为。如可以在零件上打一般钻头不能打的异形孔和尺寸达微米级的小孔。激光焊接可焊一般方法不能焊接的难熔金属。利用激光进行切割，具有速度快，切面光洁，不发生形变的优点。还可以利用激光亮度高、能量集中，可通过理论计算进行控制的特点，对金属工件表面进行改性处理。

7.9.4 激光信息处理

光刻技术，如光刻集成电路、光盘。光盘的外形有点像唱片，写入读出的原理也和机械唱片差不多，只是用激光束来代替唱针，因为激光的相干性很好，用聚光系统可以把激光聚焦成比针头还细小的光束，所以它在介质上写入信息所占空间尺寸可以非常小（小于 1nm），因而信息存储密度很大。CD、DVD 盘是用声音调制了的激光束刻制光盘，由于在读写光盘时光点与光盘无机械接触，就不存在由摩擦引起的杂音，同时也无磨损，因而光盘音质佳、寿命长。

激光技术能大幅度提高信息处理能力，特别是引入激光全息成像技术后。全息成像技术是 1948 年英国科学家盖伯提出的一种新成像原理。"全息"一词引自希腊语，是"完全"的意思。但由于当时没有好的相干光源，因而无法获得好的相干相片。激光的出现，使全息成像技术飞速发展成为一个新领域，盖伯因此获 1971 年诺贝尔物理学奖。普通照相的原理是，物体表面发出的光经过透镜成像落到感光底片上，底片记录下物体的光强分布，再翻印到相纸上，呈现出物体的平面图像。普通照相只记录了物体表面的光强分布，没有记录到物体各部分到观察者的远近和角度，即没记录下物体发出光线的相位分布，这样的图像没有立体感。全息照相是用相干光照射物体，从物体反射或漫射的光不是经透镜成像而是直接照射到全息底片上，用干涉图样把那些光的光强分布和相位记录下来。底片上并没有被拍物体的形象，在显微镜下看到的是一幅长短不一、间距不等、走向不同的复杂干涉条纹，称为全息图。要想看到物体形象，再用相干光按一定方式照射全息图，便可在一定方向看到物体的像，称为再现。再现的是从物体反射或漫射的光束本身，所以像是立体的。

7.9.5 激光通信

激光通信也是利用激光束单色性好，方向性好的特点。要想提高传递信息容量比较有效的办法是提高载波的频率，如用波长 10cm 的电波代替波长 100m 的电波，通信容量可以提高 1000 倍，所以从 19 世纪开始不断发展短波通信。最初使用波长几千米的无线电通信（长波通信），后来发展为波长几百米的中波通信，20 世纪 50 年代又发展厘米级的微波通信，波长再缩短进入光波波段，光波的频率在 $10^{14} \sim 10^{15}$ Hz，厘米波的频率是 10^{10} Hz 左右，所以光波通信的容量又比微波通信提高 1 万倍到 10 万倍。

普通光源发出光波是不能作为通信载波的，因为普通光源发出的光单色性不好，若用这种光波作为载波，相当于同时有多套频率的节目到达接收器。激光提供了单色性很好的光波，光波通信才进入实用化阶段。利用光波作为载波的通信方法与微波通信类似，激光器输出的光束经过光电调制器调制后送到发射天线（一只光学反射镜）发射出去。在用户接收端，接收天线（也就是反射镜）把传送过来的光信号汇集到光电接收器上转换为电信号，再经电放大和解调后就可以得到所传递的信息。在实际应用中为避免光波在大气中传播的损失，光信号是在光纤内传递的，光信号在光纤中的损耗很小。现在发展的光计算机是用光波束代替电流构造计算机，会获得更高的运算速率和容量。

在显示技术上，激光液晶大屏幕将代替阴极射线管，有可能成为 21 世纪电视的主角。

7.9.6 激光的生物应用

生物育种上可以采用"诱发育种"方法培育良种。诱发育种有核辐射诱变、化学诱变、光诱变等。激光照射属光诱变。生物组织吸收激光能量后,将会使生物体发生光-生物热效应、生物光压效应、生物光化学效应、生物电磁效应和生物刺激效应,由此引起生物遗传异变。我国已用激光照射种子培育新品种,改善品质。

7.9.7 激光用于医学领域

利用高亮度激光束产生的热效应以及单色性好的激光束产生的生物效应可以治疗疾病,现在激光技术已成为医学中的新技术,开始形成一个新的医学分支——激光医学。主要应用有:激光刀,激光刀是通过光学系统聚焦激光束,将其作用于生物体组织,在短时间内使之烧灼和气化。当光束以一定速度移动时,能把组织切开,起到手术刀的作用。激光的能量把组织中的血管、淋巴管烧结封闭起来,减少出血量,在做肿瘤手术时也可防止肿瘤扩散。利用激光脉冲时间短(小于千分之一秒)、激光束很细,可以进行精细的眼科手术,病人的眼睛还来不及转动,"刀"已经下去了。激光刀与手术部位是非接触性的,因而是自身消毒手术。

激光纤维内窥镜,借助于光纤,可以提高管腔内选择治疗效果。用光纤把激光引入人体内部施行手术,避免一些剖腹大手术。将激光内窥镜插入血管,用激光蒸发动脉粥样硬化斑块,焊接血管;用激光在生物体内产生冲击波可粉碎肾结石、输尿管结石等。

低功率激光(功率 1W)对生物组织有刺激、镇痛、消炎、扩张血管等作用,用弱激光照射病灶,有治疗效果。利用弱激光照射穴位,可产生类似针灸的效果。低强度 He-Ne 激光血管内照射可治疗脑梗塞、颈椎病、冠心病等缺血性疾病。

用激光还可以进行基础医学研究和疾病的检测诊断,如:可以利用相应的激光仪器,研究细胞、亚细胞和大分子的结构以及一些特殊细胞的生物学过程,例如可以借助于激光微束仪,把激光束聚焦到 $0.5 \sim 1.0 \mu m$,用以切割和焊接细胞。

7.9.8 激光与能源

激光与能源密切相关的应用是激光分离同位素和激光核聚变。用 ^{235}U 作为核燃料可对铀同位素进行分离,有利用铀核质量不相同的气体扩散法和离心分离法等,由于 ^{235}U 与 ^{238}U 在大小和质量上相差很小,分离困难,激光出现后,利用激光的单色性,使 ^{235}U 选择性电离(原子分离法)或选择性离解(分子分离法),达到分离目的。利用激光还可对其他同位素进行分离。

参考文献

[1] 舒宁. 激光成像. 武汉:武汉大学出版社,2005.
[2] 陈鹤鸣,赵新彦. 激光原理及应用. 北京:电子工业出版社,2009.
[3] 李福利. 高等激光物理学. 北京:高等教育出版社,2006.
[4] 高以智. 激光原理学习指导. 北京:国防工业出版社,2007.
[5] 陆同兴,路轶群. 激光光谱技术原理及应用. 第 2 版. 北京:中国科学技术大学出版社,2009.
[6] 郑启光,辜建辉. 激光与物质相互作用. 武汉:华中理工大学出版社,1996.

[7] 张国威，王兆民. 激光光谱学原理与技术. 北京：北京理工大学出版社，2007.

[8] 李适民，黄维玲. 激光器件原理与设计. 北京：国防工业出版社，2005.

[9] 陈钰清，王静环. 激光原理. 杭州：浙江大学出版社，1992.

[10] 王颖，唐南，杨光富. 激光的前世今生. 重庆：重庆大学出版社，2009.

[11] 左铁钏等. 21世纪的先进制造——激光技术与工程. 科学，2007.

[12] 李善君. 高分子光化学原理及应用. 上海，复旦大学出版社，2003.

第8章 分子光谱的时间分辨和空间分辨

8.1 分子光谱的概念

分子光谱就是分子能级之间跃迁形成的发射光谱和吸收光谱。分子光谱非常丰富，可分为纯转动光谱、振动-转动光谱带和电子光谱带。分子的纯转动光谱由分子转动能级之间的跃迁产生，分布在远红外波段，通常主要观测吸收光谱；振动-转动光谱带由不同振动能级上的各转动能级之间跃迁产生，是一些密集的谱线，分布在近红外波段，通常也主要观测吸收光谱；电子光谱带由不同电子态上不同振动和不同转动能级之间的跃迁产生，可分成许多带，分布在可见或紫外波段，可观测发射光谱。非极性分子由于不存在电偶极矩，没有转动光谱和振动-转动光谱带，只有极性分子才有这类光谱带。

分子光谱是提供分子内部信息的主要途径，根据分子光谱可以确定分子的转动惯量、分子的键长和键强度以及分子离解能等许多性质，从而可推测分子的结构。

8.2 分子光谱理论

分子光谱是把由分子发射出来的光或被分子所吸收的光进行分光得到的光谱，是测定和鉴别分子结构的重要实验手段，是分子轨道理论发展的实验基础。分子光谱和分子的运动密切相关，它包括分子中的电子运动，也包括原子核的运动，一般所指的分子光谱，涉及的分子运动方式主要为分子的转动、分子中原子间的振动、分子中电子的跃迁运动等。所以分子的状态可以由分子的转动态、振动态、电子状态来表示。分子光谱根据吸收电磁波的范围不同，可分为远红外光谱、红外光谱及紫外、可见光谱。紫外、可见分光光度法就是建立物质在紫外、可见光区分子吸收的光谱方法。分子光谱要比原子光谱复杂，这是由于在分子中，除了电子相对于原子核的运动外，还有核间相对位移引起的振动和转动。分子的转动光谱是由分子的转动而形成的，其能量间隔小，相邻两能级差值大约为 $10^{-4} \sim 0.05\text{eV}$，当分子发生转动态跃迁时，要吸收或发射远红外或微波区的光，所以转动光谱又称为远红外光谱或微波谱；而分子的振动光谱则是由分子中的原子在其平衡位置附近小范围内振动，分子发生振动态跃迁时要吸收或发射能级的能量差为 $0.05 \sim 1\text{eV}$ 的光，振动能级差较转动能级差大，故振动光谱包括转动光谱在内，是一种带状红外光谱；而分子的电子光谱是当电子由一种分子轨道跃迁至另一种分子轨道时，吸收或发射的光，由于电子的能级差在 $1 \sim 20\text{eV}$ 范围内，较振动和转动光谱的能级差大，实际上看到的是电子-振动-转动兼有的谱带，称为紫外可见光谱。这三种运动能量都是量子化的，并对应一定的能级。分子光谱的能级示意图见图 8-1。

分子内部运动状态发生变化而产生发射光谱或吸收光谱。分子结构比较复杂，一般由几个原子核和电子组成。分子运动除核外电子的运动以外，还有原子核之间的振动和整个分子的绕轴转动。一般有三种类型。①转动光谱。纯粹由分子转动能级间的跃迁产生。因分子的转动能很小，其转动能级间的能量差也很小，所以这一部分光谱一般位于波长较长的远红外和微波区域，称之为"远红外光谱"或"微波谱"。②振动光谱。由分子振动能级间的跃迁产生，因振动能级间的差值比转动能级大，所以这部分光谱处在近红外区，称为"近红外光谱"；由于在振动中伴随着转动能级的跃迁，所以有较多较密的谱线，故又称"振转光谱"。③分子电子光谱。主要由电子在不同能级上跃迁产生。因电子能量的差值比振动能更大，所以它们处在紫外区与

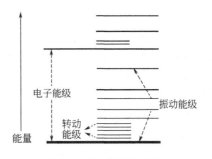

图 8-1　分子光谱的能级

可见光区，又称为"紫外光谱"。在电子跃迁中常伴随能量较小的振转跃迁，所以产生若干组由密集谱线形成的光带，故又称为"带状光谱"。分子光谱的型式决定于分子的结构和运动的规律，可用来研究分子结构等问题，特别是从多原子分子光谱获得一系列功能团的数据，有助于结构类型的鉴别。此外，还可由此获得有关的物理化学数据。

　　众所周知，光谱学是研究和探知物质结构和能级结构的有效手段。其中比较常见的有探测分子振动、转动结构的红外光谱和拉曼光谱，探测分子内部电子能级结构的可见光谱和紫外光谱以及探测分子中原子核自旋的核磁共振谱等。从研究分子能级结构的技术方法划分，又可分为吸收光谱和发射光谱。随着电子技术和激光技术的发展，20世纪70年代时间分辨光谱技术已经被应用到物理化学的研究中。进而广泛应用于生命科学研究领域。超快速时间分辨光谱为实时探测、观察分子的动态行为提供了有效的技术手段。超快速激光光谱通常指时间分辨率在皮秒或飞秒量级的时间分辨激光光谱，包括时间分辨荧光光谱和瞬态吸收光谱。瞬态荧光是处于电子激发态的分子发射随时间演变的荧光，通过研究分子发射荧光的时间特征可以分析、了解分子激发态衰减的相关机理和监视分子之间的能量传递过程，该研究方法目前在光合作用的能量传递的研究中起着十分重要的作用。

8.3　时间分辨光谱技术

　　发光物质在短脉冲激发后的发光强度是波长和时间的函数，测量瞬态过程实际上就是测量作为波长和时间的二元函数的发光强度 $I(\lambda, t)$。了解和研究这种瞬态过程可以通过测量固定波长 λi 的发光强度随时间的变化 $I(\lambda_i, t)$ 或测量固定延迟时间 t_j 的光谱 $I(\lambda, t_j)$ 来达到。$I(\lambda_i, t)$ 称为衰减曲线，$I(\lambda, t_j)$ 称为衰减曲线时间分辨光谱。

　　时间分辨光谱的测量方法实际上包含了发光瞬态过程的测量和各波长光强度的测量。若固定某一波长，光强度随时间的变化可以用相应的串行或并行技术来测量；若固定某一延迟时刻，各个波长的光强变化也可以用串行或并行技术来测量。

　　（1）时间的串行测量

　　时间的串行测量，有取样积分技术和单光子计数法。取样积分器（boxcar）：利用的是取样积分的方法，即信号通过一个开通时间可调的开关后进行下一步处理。脉冲光激发后的发光信号由光电倍增管接收后，经过一个电子开关，这个开关开通的时刻（激发后的 t_j）以及开通的持续时间（t_p）可控，这样发光信号中只有（$t_j, t_j + t_p$）时间内的那部分能够通过开关，进入积器进行平均。如果固定延迟时间，用光谱仪扫描就可以得到 $I(\lambda, t_j)$，即

激发后 t_j 时刻的时间分辨光谱。由于这种方法在时间上和频率上均串行进行，每次激发后的发光 $I(\lambda, t_j)$ 中，仅有 t_j 附近，t_p 内以及光谱仪波长位置和分辨率所决定的光谱范围内的信号被利用，因此信号利用率低，测量所需时间较长。

时间相关单光子计数法基于发光的统计性质，能级寿命是电子在激发态的平均停留时间。测量每个电子从开始激发到跃迁回基态的时间间隔，将多次测量的结果进行统计，就可以得到衰减曲线。在光源发出的每个脉冲光激发样品的同时，触发时间电压转换器对电容恒流充电，电容上的电压正比于充电时间。样品发出的光经单色仪由光电倍增管接收，接收到第一个光子时，产生"停止"信号，终止向电容的充电。这样，电容上的电压与从开始到停止的时间间隔，也就是电子在激发态的停留时间成正比。多道的脉冲高度分析器根据电压高低，将相应道中的计数加 1。多次激发后，各道中的计数是电子在激发态不同停留时间次数的统计，读出每一道的计数就得到了衰减曲线。这种方法常用于测量 ns 量级的瞬态过程，时间分辨率最高可达到几十个皮秒（ps），取决于脉冲光的持续时间以及探测器和前级电子器件的响应时间。

（2）波长的串行测量

单色仪是目前使用最广泛的光谱探测仪器，在某一监测波长下，光电倍增管（PMT）输出的是这个波长的光强随时间变化的信号，逐步调整监测波长，再利用时间的串行或并行技术来测量，可以得到时间分辨光谱。

（3）时间的并行测量

瞬态记录仪在取样积分的基础上，每次触发产生延迟时间相继的多个取样信号，一次得到各个延迟时刻的光强，可用来测量单次过程的衰减曲线。

（4）波长的并行测量

另一种是用阵列探测器，如 CCD 探测器，微通道板（MCP）等，这是一种在波长上并行的方法。经过光谱仪色散后，不同波长的光信号进入探测器的不同像元，探测器可以探测对事件的积分光谱。也可以用取样的方法，测量激发后的某时刻所有波长的光强，得到时间分辨光谱，由于测量在波长上是并行的，因此信号利用率大大提高。CCD 的灵敏度和响应时间都低于光电倍增管。此方法不适于测量超短脉冲过程（ns～ps 量级）。

综合以上四个方面，可以看到时间分辨光谱的测量是统一的整体，必须从波长的测量方式中选择是串行还是并行，而且还要在时间的测量方式中选择串行或并行。例如用单色仪进行波长的串行测量，还要选择一种时间的测量方式，可以选取样积分器（时间串行），或者选择瞬态记录仪（时间并行）。

8.4　时间分辨光谱与能量传递过程

时间分辨光谱技术在光化学相关的过程中有许多应用，例如：能量传递过程是多途径、多组分，发生于皮秒至飞秒级的超短过程。要想直观地观测到这些过程，首先所采用的检测手段必须具有足够的时间分辨率。随着现代物理技术的发展，各种高分辨的仪器不断涌现，为研究光合作用中能量传递动力学打下了物质基础。在研究中一般采用各向同性光谱技术，其原理如下：时间分辨各向同性光谱技术，主要是探测所研究对象激发态各向同性衰减或基态的恢复过程。在测量时，探测光与激发光的夹角为 54.7°（称为魔角）。图 8-2 是基于单光子计数皮秒时间分辨荧光仪的工作示意图。实验测定荧光强度衰减 $I(t)$ 或吸收漂白过程的

恢复 $\Delta A(t)$ 是激发脉冲和仪器响应函数 $G(t)$ 的卷积（convolution）。因此，对测量结果的分析需要对测量信号进行解卷积（deconvolution）。对于各向同性荧光衰减过程，可用下面的数学模型来描述

$$F_t(\lambda_{\mathrm{ex}},\lambda_{\mathrm{em}}) = \sum_{i=1}^{n} A_i(\lambda)\exp\left(-\frac{t_i}{\tau_i}\right)$$

对于各向同性吸收恢复过程，可用与上式类似的形式来描述

$$\left[\frac{A(t)}{A}\right](\lambda_{\mathrm{prob}},\lambda_{\mathrm{det}}) = \sum_{i=1}^{n} B_i(\lambda)\exp\left(-\frac{t_i}{\tau_i}\right)$$

对于上述方程式可通过设置初始条件，然后用 Global 方法或其他方法进行计算。Global 分析方法把荧光衰减曲线作为时间和波长联立的二维变量分析，增加了拟合限制因素，时间分辨荧光光谱中包含一系列复杂的过程，其中包括荧光衰变，无辐射衰变和其他途径的能量转移，因此要从中了解能量传递的信息，毫无例外地都需使用数学分析的手段，目前处理数据的方法是指数函数拟合。

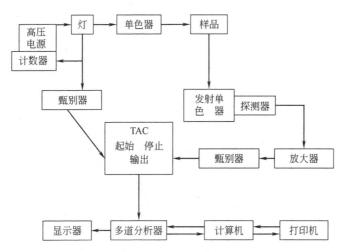

图 8-2　单光子计数皮秒时间分辨荧光仪示意图

具体测量前需先确定给体和受体的稳态光谱。如图 8-3 所示。激发给体在 405nm 处吸收，观测受体在 480nm 处荧光衰减。受体的荧光衰减包括两个过程，一个是受体的荧光衰减过程，另一个是荧光上升过程。见图 8-4。

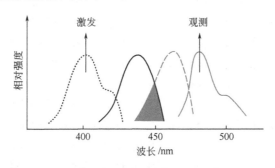

图 8-3　给体发射光谱和受体吸收光谱的重叠

荧光上升过程是受体分子接受激发能的过程。通过解卷积，荧光上升过程的时间可以确定，进而确定能量传递的速率常数。

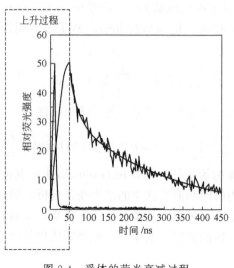

图 8-4 受体的荧光衰减过程

8.5 单分子光谱技术（single molecule spectroscopy，SMS）

8.5.1 单分子光谱

早在量子力学建立的初期，著名的诺贝尔奖获得者 Feyneman 就梦想着能在原子、分子尺度上观察和操纵物质世界，然而多年以来，人们对微观世界的观测和研究都是建立在系统平均（system average）的基础上。直到 20 世纪 80 年代扫描隧道显微镜、荧光探针、光镊技术等的出现，进入 20 世纪 90 年代单分子科学的形成与发展才使人们真正实现了 Feyneman 的梦想。

顾名思义，单分子光谱就是单个分子的光谱，实际上通常是对单个生物分子动态行为的光谱分析。那么为什么要进行生物单分子光谱的研究呢？因为在普通的光谱技术中，实验中探测到的是大量分子的综合平均效应，得到的是系统的平均响应和平均值，这一平均效应掩盖了许多特殊的信息。而单分子光谱研究可以排除系统的平均效应，有利于复杂环境中同种分子不同行为的分析，通过对体系中的单个分子进行研究，从而得到单分子体系的动力学过程。例如，可以实时了解生物大分子构象变化的信息；可以观察微环境对单分子体系的影响，从而得到与分子微环境相关的信息。目前主要的技术手段包括生物大分子荧光光谱，单分子荧光能量转移谱，与原子力显微镜结合进行单分子水平的分子间相互作用力的测量，以及可进行单分子操作的激光光钳，高时间分辨率的单分子轨迹追踪等。

荧光单分子检测技术是用荧光标记来显示和追踪单个分子的方法。1976 年，Hirschfeld 检测到标有 80～100 个发光团的单个抗体分子，开创了单分子检测的先河。1994 年 Moerner 首先在水容器风干表面对单荧光团进行显像观测，1995 年 Funatsu 等又利用全内反射显微镜（total internal reflection microscopy，TIRFM）在水溶液中观察到单个荧光基团标记的蛋白质分子，并追踪其运动轨迹，真正实现了 SMS 对单荧光分子的检测。由于荧光信号测量灵敏度高以及光子对分子干扰最轻微，SMS 被广泛应用于单分子研究。尤其对于需观察细胞内单分子实时变化的细胞生物学研究，SMS 可能是唯一有效的技术。

单分子荧光探测必须满足两个基本要求：一是在被照射的体积中只有一个分子与激光发生相互作用；二是要确保单分子信号大于背景的干扰信号。背景信号来自于 Raman 散射、Rayleigh 散射、溶剂中杂质、盖玻片的背景荧光和探测器的暗电流。因此，进行单分子探测要求：①激发容积要小，因为背景的吸收与激发体积成正比，尽量减小激发体积可降低背景干扰；②高效的收集光学系统；③灵敏的探测器；④采用针孔装置，或将溶剂中杂质预漂白以及用低荧光光学材料等方法清除背景荧光。

8.5.2 成像方法

共聚焦激光扫描显微镜（confocal scanning optical microscope，CSOM），是常用装置之一。在其光学设计中，激光束经物镜聚集到样品上形成一个接近衍射极限的光斑，利用同一物镜收集样品反射回的光，经一个共焦小孔后被探测器接收，而非焦面的光则被小孔滤掉，从而保证了良好的光学收集效率和高信噪比。为了实现宽场显微观察，可通过常规荧光显微镜的上方照明孔送入激发光，但这样无法消除来自显微镜片和样品的自身荧光，会产生次级干扰。采用瞬间场激发方法可避免激发光进入探测器，共聚焦激光扫描显微镜如图 8-5 所示，氩离子激光器发出来的激光通过一系列滤光片，可以调节入射光的强度，入射光通过光纤引入共聚焦显微镜，入射光照射到样品以后，样品发射出来的荧光二次聚焦，不在焦点的荧光不能通过小孔。通过焦点的荧光可以分别连入雪崩光电二极管和 CCD 相机进行光谱分析和荧光成像。反射入射光要通过滤光片过滤掉。图 8-6 是通过共聚焦激光扫描显微镜单分子成像谱图（a）和单个分子的荧光光谱图（b）。

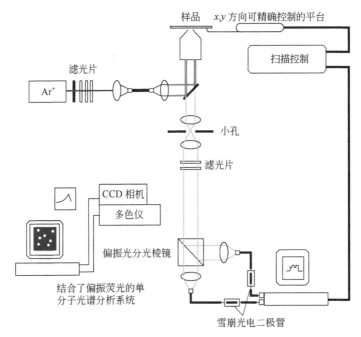

图 8-5　共聚焦激光扫描显微镜原理图

另一个常用的装置是近场光学扫描显微镜（near-field scanning optical microscope，NSOM），其最小激发体积小于 $10^{-2}\mu m^3$。该方法在单分子荧光的探测中发挥了很重要的作用。可监测单个生物大分子的构造变化，例如旋转和纳米水平上的距离变化。其不足是扫描时需通过复杂的控制系统来保持样品与探针之间的适当距离，并且其近场激发时对所研究

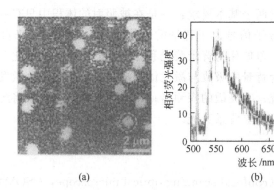

图 8-6　单分子成像和单分子荧光光谱

的生物体系有干扰作用，给研究带来许多限制。

单分子层次的某些生物物理现象与宏观现象、系统平均现象有着显著的差异。SMD 使人们能直接研究和操纵单个的分子。随着各种微测量手段的发展，SMD 已经被更广泛地应用于生命科学研究的各个领域。通过考虑光的偏振性质并刚性联结荧光物质，可以方便地研究生物分子或其中某部分的取向和旋转。此外，还可以采用不同荧光物质标定不同分子，研究分子间相互作用。例如，通过计算两个荧光物质的荧光共振能量转移效率，可以计算分子间的距离和相互作用力。这种方法可以达到 2～8nm 的空间分辨，从而实现了不使用复杂的近场光学系统而达到远低于衍射极限的空间分辨。SMD 还为研究单个生物分子的构象状态及构象动力学提供了行之有效的方法。由于荧光染料分子的直径远小于其辐射光波长，故可将其视为点光源。通过光学系统对点光源的响应（点传播函数），人们可以对点光源位置进行精确定位，进而研究单分子构象。有理由相信，SMD 将成为生物科学发展的强大动力。

8.6　单分子光谱研究蛋白质折叠

蛋白质是结构复杂但极其重要的一种生物大分子，蛋白质折叠过程的研究是生物物理的一个重要前沿课题。为了研究这一过程可使用理论计算和实验测量两种手段。由于蛋白质折叠的过程涉及极多的自由度，并且其内部基团之间有复杂的相互作用，目前理论计算的方法面临极大挑战。而通过实验揭示蛋白质折叠的机理对相应的实验技术有很高的要求。近十年来发展的单分子光谱学技术为研究蛋白质折叠提供了全新的手段。这个方法是利用基因定点突变技术，将单个荧光分子结合在蛋白质分子的选定部位，通过探测单分子的发光信号来得到折叠过程的信息。SMS 的一个实际应用便是 FRET。如果分子间的距离小于 15nm，通过偶极子相互作用激发能量可以在荧光分子对之间传递，这个过程被称为共振能量传递。取决于环境与分子对本身的性质，这个过程可以是可逆的或不可逆的。这种方法不仅适用于测量静止距离而且可以反映距离的变化。现代技术可测量单受体和单供体间的能量传递，即单分子对 FRET（single pair FRET）。与传统的大多数测量相比，单分子测量具有极大优势。生物分子的运动及构象动力学的细节在大多数体系的测量中是观察不到的。因为必须让所有被观察的分子同步运动才能在整体观察下得到这些信息。由于分子运动的随机性，同步基本上是不可能的，因此这些关键的动力学信息就会被平均掉，使实验者难以分辨。特别是研究蛋白质折叠，由于折叠过程的随机性，即使采用激光温度跳跃和微流体快速混合技术也难使大量蛋白质分子同步开始折叠过程。而单分子测量不需要让所有的分子同步反应。特别是室温下的单分子探测和单分子荧光光谱学的最新进展，为研究生理条件下的单个生物大分子提供了新的工具。这一点意义十分重大。

参考文献

［1］ 李民赞. 光谱分析技术及其应用. 北京：科学出版社，2006.

［2］ McHale. 分子光谱（影印版）. 北京：科学出版社，2003.

［3］ 陈扬骎，杨晓华. 激光光谱测量技术. 上海：华东师范大学出版社，2006.

［4］ 唐晓初. 小波分析及其应用. 重庆：重庆大学出版社，2006.

［5］ 吴英松，李明. 时间分辨荧光免疫技术. 北京：军事医学科学出版社，2009.

［6］ Xinping Zhang，Yanrong Song. 超快和纳米光学. 北京：科学出版社，2008.

［7］ 林章碧，苏星光，胡海，张家骅，金钦汉. 单分子光谱检测法的新进展. 分析科学学报，2003，19：288-292.

［8］ 许金钧，王尊本. 荧光分析法. 第 3 版. 北京：科学出版社，2006.

［9］ 李东旭，许潇，李娜，李克安. 时间分辨荧光技术与荧光寿命测量. 大学化学，2008，23：1-11.

［10］ O'Connor，D V，Phillips D. Time correlated single photon counting. London：Academic Press，1984.

［11］ P. R. 塞尔文，河泽集，罗建红. 单分子技术实验指南. 北京：科学出版社，2010.

［12］ 唐孝威. 分子影像与单分子检测技术. 北京：化学工业出版社，2004.

［13］ 白春礼. 来自微观世界的新概念. 单分子科学与技术. 北京：清华大学出版社，2000.

［14］ 刘焕彬，陈小泉. 纳米科学与技术导论. 北京：化学工业出版社，2006.

［15］ 陈宜张，林其谁. 生命科学中的单分子行为及细胞内实时检测. 北京：科学出版社，2005.

［16］ 李善君. 高分子光化学原理及应用. 上海：复旦大学出版社，2003.

［17］ 夏之宁. 光分析化学. 重庆：重庆大学出版社，2004.

［18］ 石志刚，黄世华，梁春军，雷全胜. 一种新的时间分辨光谱测量方法. 光谱学与光谱分析，2007，27：217-219.

［19］ 房喻，王辉. 荧光寿命测定的现代方法与应用. 化学通报，2001，10：631-635.

［20］ 陈多佳. 时间分辨光谱的测量系统的设计与改进. 北京：北京交通大学，2008.

第9章 自然界中神奇的分子卟啉

9.1 卟 啉

卟啉。英文名称 porphyrin。是生物体内的一种具有大共轭环状结构的金属有机化合物。卟啉和金属卟啉衍生物在自然界和生物体中广泛存在，如在动物体内主要存在于血红素（铁卟啉）和血蓝素（铜卟啉）中，在植物体内主要存在于维生素 B_{12}（钴卟啉）和叶绿素（镁卟啉）中，它们在血细胞载氧进行呼吸作用和植物细胞进行光合作用过程中起关键作用。卟啉是一类由四个吡咯环通过次甲基相连形成共轭骨架的大环化合物，如图 9-1 所示，其中心的四个氮原子都含有孤对电子，可与金属离子结合生成 18 个 p 电子的大环共轭体系结构的金属卟啉，其环内电子流动性非常好，因此，大多数金属卟啉都有较好的光学性质。金属卟啉的光物理性质随着中心配位的离子和环周围取代基团的不同而显示出很大的差异。含有顺磁性金属离子的卟啉，如：锌卟啉、镁卟啉，它们的第一激发单线态 S_1 态（π，π^*）是正

图 9-1 卟啉
分子结构图

常的，有很强的荧光发射。除了锌、镁以外，其他的第一过渡系金属卟啉一般还存在电子转移（CT）态和 $^4T_1$ 态。例如，三价的铁、三价的铬和二价的锰金属离子与四吡咯环的相互作用而产生电子转移吸收带。但是，对于第一过渡系的铜卟啉在可见和紫外区域一般没有电子转移吸收带。

卟啉在有机溶剂中的溶解性比在水中大，而在水中的溶解度又与其侧链上羧基的多少有关，羧基愈多愈易溶于水，羧基也易进行酯化（如甲酯化），天然来源分离出的卟啉大多为甲基酯。天然存在的卟啉都具有羧基侧链，故可溶于碱性溶液，而卟啉环上的氮能吸引质子，故可溶于无机酸，因此卟啉是两性电解质。常见的卟啉其等电点（pI）为 3～4.5，在生理条件下卟啉是带负电的，易与碱性蛋白质或带正电的化合物结合。卟啉与金属卟啉都具有连续的共轭双键系统，卟啉化合物在紫外可见区域具有特征吸收，在 400nm 处有强的光吸收，称为 Soret 带，当用 400nm 波长光照射卟啉时可激发其产生红色的荧光。卟啉除了具有特殊的 Soret 带外，在可见光区450～700nm 尚有四条吸收带，从红色端开始依次为Ⅰ、Ⅱ、Ⅲ、Ⅳ，有一些卟啉在Ⅰ与Ⅱ之间尚存在第五个较弱的吸收带，编为Ⅰa。450～700nm 的吸收带叫做 Q 带。如果金属离子取代以后，则 Q 带的吸收带变为两条。图 9-2 是一个典型卟啉分子的吸收光谱。Soret 带的光吸收强度约数倍于可见光区最强的吸收带，卟啉类化合物的这一典型性质，可被利用来定性和定量测定，甚至在很低的浓度时，如在酸性溶液中浓度为 10^{-8}mol/L 时，肉眼就可见到荧光。

值得注意的是金属卟啉存在第二激发单线态 S_2 到基态 S_0 的荧光发射峰，该发射峰与电子吸收光谱中的 Soret 带对应。这就是著名的反 Karash 规则。例如：金属卟啉中四苯基卟啉锌的 S_1 激发态寿命为 1.8ns，而 S_2 激发态寿命仅为 3ps。金属卟啉 S_1 态的荧光发射位于 650nm 附近，该发射峰与电子吸收光谱中的 Q 带对应。磷光发射峰位于 760nm 附近。如图9-3 所示。

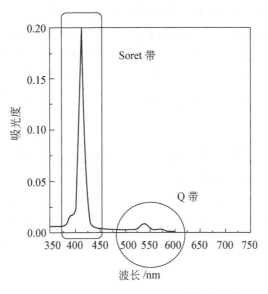

图 9-2　金属卟啉分子的吸收光谱

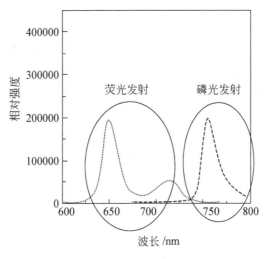

图 9-3　卟啉分子的发射光谱

9.2　卟啉分子涉及的主要研究方向

9.2.1　卟啉光诱导电子转移和能量传递研究

卟啉类化合物是非常理想的 D-A 体系中的供电子部分。多年来国内外化学工作者努力合成各种具有不同结构特点的卟啉化合物，这些分子作为模拟植物体内光合成反应过程或者作为分子光电器件的模拟系统，已成为国内外十分活跃的研究领域。例如：2005 年日本科学家 Fukuzumi 等报道了合成包括金属锌和金的三卟啉配合物（ZnPQ-2HPQ-AuPQ$^+$）。瞬态吸收光谱研究表明：能量从 ZnPQ 传递到 2HPQ，电子从 2HPQ 转移到 AuPQ$^+$，同时电子也从 ZnPQ 转移到 2HPQ$^+$，产生了电荷分离态 ZnPQ$^{\cdot+}$-2HPQ-AuPQ。与其他三卟啉相比，在此配合物中由于电荷分离态的距离较远，所产生的电荷分离态有最长的停留寿命

（7.7μs）。该系统主要是模拟了光合反应中心的电子转移特征。

美国和日本科学家共同报道了通过轴向反应，将带有富勒烯吡咯的咪唑配位到共价键相连的锌硼卟啉二吡咯基的中心金属锌上，组装出超分子组装体。在超分子中硼二吡咯相当于天线叶绿素，用来吸收光能并传递至光合作用的反应中心，而从激发的锌卟啉到富勒烯间的电子转移，模拟光合作用原初过程中，反应中心以电荷分离形式发生的电子激发能到化学能的转化过程。该模型的重要特征是利用相对简单的超分子方法，模拟了光合作用中复杂的捕光和电荷分离过程。

利用人工合成的卟啉类化合物，模拟植物光合反应中心光诱导电子转移和能量传递的研究，是当前卟啉光化学研究的重要方向。到目前为止，尽管人们已掌握和了解了光合反应中的一些基本原理，但是还存在许多需要进一步探索的基本问题。如激发态的电子结构和性质，激发态的形成与弛豫机制以及激发态的调控等。对这些机理问题的深入研究，也会为人类设计和制备性能优越的分子器件和光电材料（如分子传感器，分子开关，生物传感器等）提供重要的理论基础。

9.2.2　作为模拟酶和光催化剂

用金属卟啉作为细胞色素 P-450 单加氧酶的模型化合物，探讨和研究人类生命现象，一直是国内外仿生化学领域极有兴趣的研究内容之一，1979 年，Groves 等人首先提出了亚碘酰苯-金属卟啉-环己烷模拟体系，第一次实现了细胞色素 P-450 单加氧酶的人工模拟反应。这一反应可以在温和条件下进行，高选择性、高转化率地实现分子氧活化和烷烃羟基化、烯烃环氧化。从而引起人们在金属卟啉仿生催化方面的极大兴趣。此外，卟啉类化合物在太阳能光化学转化与储存和催化降解有机污染物方面也有许多报道，由于它可以吸收可见光且种类繁多，也可以作为可见光光敏剂，敏化只能吸收紫外光的 TiO_2 半导体光催化剂。

9.2.3　卟啉类光敏剂在染料敏化太阳能电池中的应用

卟啉化合物的分子具有较宽的吸收光谱。且其激发态的能量能够满足后续电荷分离过程的需要，因此可作为吸收光的"天线"分子模拟光合作用，实现光致电荷分离、固碳和光解水等。作为一种"取之不尽、用之不竭"的洁净能源，太阳能的光电转化一直是最近 30 余年来，清洁能源研究的主要方向之一。目前应用最广泛的太阳能电池主要是硅系太阳能电池，但高纯度硅半导体难于制备、生产工艺复杂、效率提高潜力有限，其光电转换效率的理论极限值为 30%。此外，严重的光腐蚀作用也限制了硅太阳能电池的发展，其他无机半导体（如 TiO_2、SnO_2 等）虽具有较高的光热稳定性，但其禁带宽度较宽，只能吸收紫外光，捕获可见光的能力很弱。1991 年，瑞士洛桑联邦理工学院的 Graetzel 教授从人工模拟光合作用的构想出发，首先报道了染料敏化太阳能电池（DSSC）。他们用有机染料敏化宽带半导体 TiO_2，可使体系的光谱响应延伸到可见光区，是近 10 余年来新型太阳能电池研究的热点。它的构造如图 9-4 所示。在镀有 TiO_2 薄膜的导电玻璃表面（负极），以有机染料敏化后，依次覆盖有氧化/还原对的电解质薄层和对电极（正极）。最常用的电解质是 I_3^-/I^- 溶液，但由于液体电解质存在封装和漏液等问题，目前也出现了固态和准固态电解质。对电极常用铂，除了导电作用之外，铂电极还能反射光线，增加光吸收，并在正电极上催化由介质中扩散而来的碘还原，从而沿箭头方向形成一个电子回路。染料敏化太阳能电池价格相对低廉，制作工艺简单，拥有潜在的高光电转换效率，所以极有可能取代传统硅系太阳能电池，成为未来太阳能电池的主导。20 世纪 90 年代初，染料敏化纳米晶太阳能电池 DSSCs（dye-sensitized solar cells）初露锋芒时，其光电转换效率为 7.1％～7.9％，随后 Graetzel 及他的合作者又开发出了光电能量转换效率达 10％～11％的 DSSCs。目前，在标准条件下，染料敏化太阳能电池的能量转化效率已达到 11.2％。

如果你知道树叶的结构，你会很好地理解 DSSCs。从结构上来看，DSSCs 就像人工制作的树叶，只是植物中的叶绿素被光敏化剂所代替，而纳米多孔半导体膜结构则取代了树叶中的磷酸类脂膜。染料敏化纳米晶太阳能电池，完全不同于传统硅系半导体结太阳能电池装置，它的光吸收和电荷分离传输分别是由不同物质完成的，光吸收是靠吸附在纳米半导体表面的类似于叶绿素的染料，半导体仅起电荷分离和传输载体的作用，它的载流子不是由半导体产生而是由染料产生的。

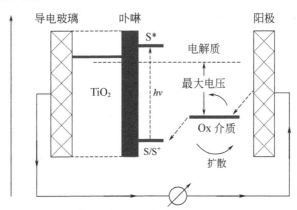

图 9-4　染料卟啉分子敏化太阳能电池装置图

卟啉化合物无论是单分子还是聚合物，在各种染料太阳能电池中都可应用，特别是用卟啉作为光敏剂的敏化纳米晶太阳能电池性能突出。目前，研究最多的间位四（对羧基苯基）卟啉（TCPP）及其金属配合物（M-TCPP），分子激发态寿命较长（＞1ns），HOMO 和 LUMO 能级高低合适，是较为理想的 DSSCs 染料候选化合物。

9.2.4　在医学等方面的应用

在癌症治疗中，卟啉化合物被用作光动力疗法（PDT）的光敏试剂。该试剂能够在肿瘤组织中积累，当受到可见光的激发时，利用特定光敏剂在肿瘤组织中的选择性集和光动力杀伤作用，通过产生单线态氧对肿瘤细胞产生不可逆的损伤。血卟啉常用作一些浅表性癌症光动力疗法的光敏剂，能够有效地诊断出癌变位置。因此，具有极高的临床应用价值。现已发现在癌细胞周围血红素的浓度很高，启发人们在一些抗癌药物的结构上引入金属卟啉，以此来提高给药的准确度，降低药物的副作用。血卟啉衍生物［HpD］是最早用于光疗的卟啉化合物，它能治愈部分早期类型的肺癌。此外，金属卟啉对 DNA 有一定的识别作用，可以同相应的碱基发生共价结合，影响基因的调控和表达功能，有利于阻碍癌变细胞的增殖和分化。将两种具有生物活性的化合物通过共价键结合，可得到一类新型的目标化合物，该化合物能发挥两者的独特性能或表现出协同效应。

9.2.5　卟啉化合物在分子器件中的应用

（1）选择卟啉作为分子器件的原因

① 卟啉化合物具有大 π 共轭结构从而使卟啉分子的 HOMO 与 LUMO 之间的能量差降低，使卟啉在可见光区有发射，且发光量子效率高。

② 卟啉结构易于修饰，通过改变卟啉化合物的周边取代基可以改变卟啉分子的荧光发射波长。

③ 卟啉易形成金属配合物。

（2）卟啉分子导线

分子导线是分子器件和外界连接的桥梁，对于它一般有以下几个要求：①能够导电；②有确定的长度，足以跨越诸如类脂单层膜或双层膜；③含有能够连接到系统功能单元的连接端点；④允许在连接端点进行化学反应；⑤导线必须与周围绝缘以阻止电子的任意传输。由双卟啉四酮合成的准一维、全共轭的四卟啉衍生物，长度约为 615nm，并且在主链的周围有叔丁基作为保护套，以保证共轭核心与周围绝缘，并使分子在大多数溶剂中有较好的溶解度。四卟啉衍生物的结构见图 9-5。

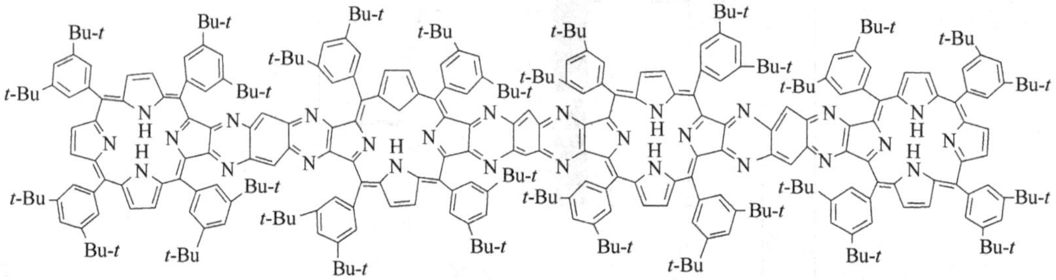

图 9-5　全共轭的四卟啉衍生物

分子开关是分子计算机的重要部件，它的主要优点就是组合密度高、响应速度快和能量效率高。应用分子开关有可能使储存密度达到 $10^{18} bit/cm^2$。然而，尺寸的骤然变小将受到量子统计学因素方面的限制。如果用光来控制分子器件，就可以补偿尺寸缩小带来的统计学方面的限制。因为分子内的能量转移和电子转移过程能够在皮秒时限内进行，有可能制得响应非常快的高效器件，光驱动分子器件的基本要求就是光稳定性。基于可逆电子转移反应的光致变色，将分子用于光开关，在速度和光稳定性上，可优于基于分子结构变化的光化学分子开关。Wasielewski 等的设计是基于卟啉分子的一个电子给体-受体-给体分子卟啉，见图 9-6。

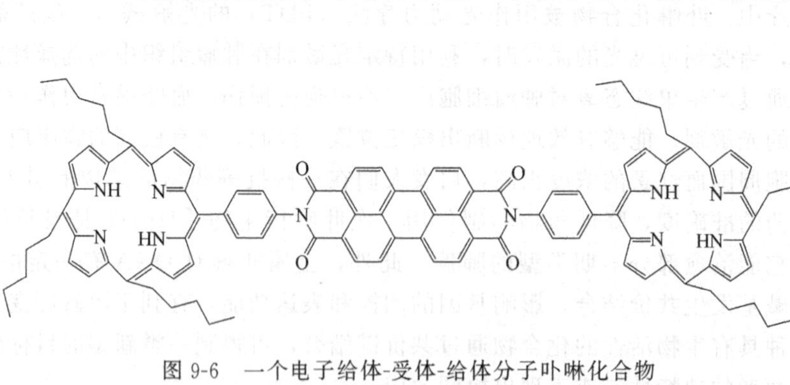

图 9-6　一个电子给体-受体-给体分子卟啉化合物

该分子可发生两个非常快的电子转移反应，并根据光的强度调节，是一个光强度依赖性的光开关。

以卟啉作为结构单元的分子器件越来越显示出其重要性。毫无疑问，超分子器件将在分子信息存储器件、模拟光合作用、纳米电子学中得到实际应用，但合成或组装这样的超分子体系，仍是十分重要和艰苦的工作。目前的开发研究，大部分仍处于起步阶段，离实用化、商业化还有一段距离。要想将它们组成真正的分子器件，并进一步用于功能电路，还存在很多问题。

9.3　总结与展望

常见的金属卟啉主要是 Co、Mg、Mn、Ru、Zn、Fe、Sn、Ce、Eu 等金属卟啉配合物。这些金属卟啉都具有良好的光电性质，了解卟啉化合物在光合作用中的地位和作用，以及卟啉给体-受体分子的光诱导电子转移和电荷分离能力，不但可以开发其在光电技术领域的应用，并可促进有机化学、无机化学、分析化学、生物化学及医药学等基础学科的发展。随着新型金属卟啉化合物的不断合成和功能研究的深入，也将进一步加深对生物体系光合作用过程的理解，促进生物大分子结构与功能关系的研究，以及大环化合物配位理论的发展。金属卟啉化合物的基础研究和应用开发前景广阔。

参考文献

[1]　王树军，阮文娟，朱志昂. 卟啉组装体的结构、功能和性质. 化学通报，2005（3）：161-166.

[2]　J. J. DittmeL，E. A. Marseglia，R. H. Friend. Electron trapping in dye/polymer blend photovoltaic cells，Adv. Mater.，2000，12：1270-1274.

[3]　M. P. Debreczeny，W. A. Svec，M. R. Wasielewski. Optical Control of Photogenerated Ion Pair Lifetimes：An Approach to a Molecular Switch，Science，1996，274：584-587.

[4]　G. L. Closs，J. R. Miller. Intramolecular Long-Distance Electron Transfer in Organic Molecules，Science，1988，240：440-446.

[5]　金志平，彭孝军，孙立成. 卟啉超分子化合物在分子器件中的应用. 化学通报，2003：464-473.

[6]　朱道元，王佛松. 有机固体. 上海：上海科学技术出版社，1999：297-330.

[7]　游效曾，孟庆金，韩万书. 配位化学进展. 北京：高等教育出版社，1999：74-77.

[8]　樊美公等. 光化学基本原理与光子学材料科学. 北京：科学出版社，2001：93-94.

[9]　Ye Li，Weiwei Han Mingxia Liao Identifying self-assembly of zinc（Ⅱ）tetraphenylporphyrin in dry acetonitrile：a spectroscopic and crystal structure analysis，Acta Phys Chim Sin，2009（25）：2493-2500.

[10]　Ye Li. Solvent Effects on Photophysical Properties of Copper and Zinc Porphyrins. Chin Sci Bull 2008（53）：3615-3619.

[11]　Ye. Li，R. P. Steer*. Kinetics of disaggregation of a non-covalent zinc tetraphenylporphyrin dimer in solution. Chem. Phys. Lett. 2003（373）：94-99.

[12]　覃显灿，钟飞，左后松，潘献晓，肖亦. 金属卟啉化合物的光化学性质与应用研究进展. 海南师范大学学报，2008，21：307-311.

[13]　阳卫军，郭灿城. 金属卟啉化合物及其对烷烃的仿生催化氧化. 应用化学，2004，21（6）：541-547.

[14]　黄飞，伍明，韩端壮. 四氮杂卟啉铁（Ⅱ）催化降解水中有机污染物. 中南民族大学学报，2003，22（3）：6-9.

第 10 章　光合作用和太阳能利用

10.1　光合作用

10.1.1　光合作用的发现

光合作用是指绿色植物通过叶绿体，利用光能，把二氧化碳和水转化成有机物储存能量，并且释放出氧的过程。我们每时每刻都在吸入光合作用释放的氧。我们每天吃的食物，也都直接或间接地来自光合作用产物。那么，光合作用是怎样发现的呢？

直到 18 世纪中期，人们一直以为植物体内的全部营养物质，都是从土壤中获得的，并不认为植物体能够从空气中得到什么。1771 年，英国科学家普利斯特利发现，将点燃的蜡烛与绿色植物一起放在一个密闭的玻璃罩内，蜡烛不容易熄灭；将小鼠与绿色植物一起放在玻璃罩内，小鼠也不容易窒息而死。因此，他指出植物可以更新空气。但是，他并不知道植物更新了空气中的哪种成分，也没有发现光在这个过程中所起的关键作用。后来，经过许多科学家的实验，才逐渐发现光合作用的场所、条件、原料和产物。1864 年，德国科学家萨克斯做了这样一个实验：把绿色叶片放在暗处几小时，目的是让叶片中的营养物质消耗掉。然后把这个叶片一半曝光，另一半遮光。过一段时间后，用碘蒸气处理叶片，发现遮光的那一半叶片没有发生颜色变化，曝光的那一半叶片则呈深蓝色。这一实验成功地证明了绿色叶片在光合作用中产生了淀粉。1880 年，德国科学家恩吉尔曼用水绵进行了光合作用的实验：把载有水绵和好氧细菌的临时装片放在没有空气并且黑暗的环境里，然后用极细的光束照射水绵。通过显微镜观察发现，好氧细菌只集中在叶绿体被光束照射到的部位附近；如果上述临时装片完全暴露在光下，好氧细菌则集中在叶绿体所有受光部位的周围。恩吉尔曼的实验证明：氧是由叶绿体释放出来的，叶绿体是绿色植物进行光合作用的场所。从总体上看，光合作用是一个氧化还原过程。在光合作用的原料中，二氧化碳是碳的最高氧化状态，氧在水中却是一种还原的状态。在光合作用的产物中，糖类则是碳的还原状态。通过反应，二氧化碳被还原到糖类的水平，水中的氧则被氧化为分子态氧。我们知道，在常温常压下，自然界是实现不了这个反应的。而在绿色植物体内，仅仅由于叶绿素吸收光能作为反应的推动力，就能使一个很难被氧化的水分子去还原一个很难被还原的二氧化碳分子，并能使一个基本不含能量的二氧化碳变成一个富含能量的有机物。光合作用的过程包括一系列的物质转化和能量转变。根据目前的认识，能量的积蓄首先是把光能转变为电能，其次是把电能转变为活跃的化学能，最后则是把活跃的化学能转变为稳定的化学能。

10.1.2　光合作用的两个步骤

光合作用可以分为两个步骤，一个是必须在光照下才能进行的、由光所引起的光反应，它又可以分为原初反应以及电子传递和光合磷酸化两个阶段；另一个则是不需要光的一般化学反应（也可以在光下进行），它是把二氧化碳固定和还原成为有机物的反应，即暗反应。见图 10-1。

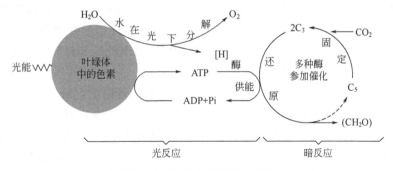

图 10-1　光合作用的两个步骤

10.1.3　光反应

光反应中，叶绿体中的色素吸收的光能一部分使水分子光解，产生氧和氢。氧，直接以分子状态释放，而氢则作为活泼的还原剂去参与暗反应，一部分光能经过电子传递，最终使 ADP 与磷酸基结合生成 ATP，电能便转化为 ATP 中储存的活泼的化学能。光反应阶段的产物有 ATP 和 O_2。

10.1.4　暗反应

暗反应在光照下和暗处都可以进行，绿叶从外界吸收的二氧化碳进入叶肉细胞，在叶绿体的基质中首先被固定。二氧化碳的固定是这样的：二氧化碳被植物体内的一种五碳化合物结合，并且结合后很快生成两个三碳化合物，一些三碳化合物接受光反应中产生的 ATP 供给的能量，在还原剂氢的作用下经过复杂的变化逐渐被还原，生成以糖类为主的有机化合物，这样 ATP 中活泼的化学能便转化成有机物中储存的稳定的化学能。另一些三碳化合物经过复杂的变化又生成了五碳化合物，这些五碳化合物可以继续参与二氧化碳的固定。整个暗反应过程是需要一系列酶来参与的。

光反应阶段和暗反应阶段是一个整体，在光合作用的过程中，二者是紧密联系、缺一不可的。

10.1.5　光合作用的重要意义

光合作用为包括人类在内的几乎所有生物的生存，提供了物质来源和能量来源。因此，光合作用对于人类和整个生物界都具有非常重要的意义。

第一，制造有机物。绿色植物通过光合作用制造有机物的数量是非常巨大的。据估计，地球上的绿色植物每年大约制造四五千亿吨有机物，这远远超过了地球上每年工业产品的总产量。所以，人们把地球上的绿色植物比作庞大的"绿色工厂"。绿色植物的生存离不开自身通过光合作用制造的有机物。人类和动物的食物也都直接或间接地来自光合作用制造的有机物。

第二，转化并储存太阳能。绿色植物通过光合作用将太阳能转化成化学能，并储存在光合作用制造的有机物中。地球上几乎所有的生物，都是直接或间接利用这些能量作为生命活动的能源的。煤炭、石油、天然气等燃料中所含有的能量，归根到底都是古代的绿色植物通过光合作用储存起来的。

第三，使大气中的氧和二氧化碳的含量相对稳定。据估计，全世界所有生物通过呼吸作用消耗的氧和燃烧各种燃料所消耗的氧，平均为 10000t/s（吨每秒）。以这样的消耗氧的速度计算，大气中的氧大约只需 2000 年就会用完。然而，这种情况并没有发生。这是因为绿色植物广泛地分布在地球上，不断地通过光合作用吸收二氧化碳和释放氧，从而使大气中的氧和二氧化碳的含量保持着相对的稳定。

第四，对生物的进化具有重要的作用。在绿色植物出现以前，地球的大气中并没有氧。只是在距今 20 亿至 30 亿年以前，绿色植物在地球上出现并逐渐占有优势以后，地球的大气中才逐渐含有氧，从而使地球上其他进行有氧呼吸的生物得以生存和发展。由于大气中的一部分氧转化成臭氧（O_3），臭氧在大气上层形成的臭氧层，能够有效地滤去太阳辐射中对生物具有强烈破坏作用的紫外线，从而使水生生物开始逐渐能够在陆地上生活。经过长期的生物进化过程，最后才出现广泛分布在自然界的各种动植物。

10.2　太阳能利用

能源问题一直是人们关注的一个热点。随着经济规模的扩大，能源需求以每年 15％的速度飙升，而且能源的不合理利用还带来一系列环境污染，传统的化石能源供应紧张和环保问题日益突出，已成为制约人类社会可持续发展的主要瓶颈。太阳能是一种清洁、高效和永不衰竭的新能源，是重要的可再生能源之一，将成为能源领域的研究热点，也是各国政府在资源利用方面可持续发展战略的重要内容。

10.2.1　太阳能研究现状

常规能源资源的有限性和环境压力的增加，使世界上许多国家重新加强了对新能源和可再生能源技术发展的支持。在新能源的应用领域，太阳能的应用得到各国政府的重视和政策支持，因而太阳能的应用研究就得到了迅速的发展。

太阳能的应用研究，美国、日本和德国等欧洲国家开展得比较早，目前在光热转换、光电技术方面的研究较为成熟。1839 年法国学者贝克勒尔发现光伏效应，20 世纪 50 年代开始光电转换的应用研究，1954 年美国贝尔实验室制成了世界上第一个实用的太阳电池，效率仅为 4％，光电池成本仍比传统能源发电高几十倍，因而光电转换的推广受到了限制。从1974 到 1997 年，美国、日本等发达国家硅半导体光电池发电成本降低了一个数量级，从 50美元/瓦降到了 5 美元/瓦。此后世界各国专家大多认为，要使太阳能电站与传统电站（主要是火电厂）相比具有经济竞争力，还有一段同样长的路要走，其成本再降低一个数量级才行。我国于 1958 年开始研究太阳能电池，20 世纪 80 年代以后得到迅速发展。在 1983～1987 年短短的几年内先后从美国、加拿大等国引进了 7 条太阳能电池生产线，使我国太阳能电池的生产能力从 1984 年以前的年产 200kW 跃到 1988 年的 4.5MW。目前，国内的光电应用主要集中在通信领域，包括微波中继站、卫星通信地面站、卫星电视接收差转系统、通信台站等，市场占有率约 50％。

太阳能应用途径有光热转换、光电转换和光化学转换三种形式。

光热转换是将太阳辐射到地球的光能转换为其他物质的内能的过程。由于光热转换成本低、技术上容易实现，适用面广，所以现在世界上许多国家都把它放在太阳能利用的首位。

10.2.2 光电转换

太阳光发电是通过太阳电池直接将太阳光的光能转换为电能，即光伏效应。光伏效应是"光生伏特效应"的简称，指光照使不均匀半导体或半导体与金属结合的不同部位之间产生电位差的现象。它首先是由光子转化为电子、光能量转化为电能量的过程。其次，是形成电压过程。有了电压，就像筑高了大坝，如果两者之间连通，就会形成电流的回路。太阳能电池就是依据光伏效应而设计的，太阳能电池用半导体材料制成，一般为半导体 p-n 结，靠 p-n 结的光伏效应产生电动势，其种类现已有多款类型。按材料分类有单晶硅、化合物半导体、有机半导体等；按材料结晶形态有单晶、多晶和非晶态。单晶硅太阳能电池转换效率高，通过使用增透技术和低辐射技术，在正常日光下光电效率可达 22.8%，在聚光情况下可达 28.2%。单片单晶硅太阳电池在强太阳光照射时，可产生 0.6V 左右的电动势，$5cm^2$ 的太阳电池可获得 0.1A 的电流。单晶硅太阳电池唯一的缺点是造价较高。利用大面积非晶态硅薄膜半导体制造的太阳电池也很有发展前途。它制造简单、耗能低、使用材料少，是一种成本低但性能良好的太阳电池。

10.2.3 光化学转换

光化学转换是光化学降解和光化学合成，目前研究和应用热点是有机物光化学降解领域。光化学降解分为直接光化学降解和光催化降解。直接光化学反应是有机物分子直接吸收光能造成自身裂解的方式：$A+h\nu \longrightarrow A \cdot \longrightarrow$ 产物。1945 年 Gunther 发现，p,p'-DDT 在田间受自然光照射会导致 p,p'-DDT 的分解。从此农药的直接光化学降解研究就在杀虫剂、除草剂及杀菌剂等各类农药中展开。利用太阳光直接光化学降解对有机物有选择性且效率不高，因而应用研究较少。TiO_2 光催化研究起源于 1972 年日本科学家 Fujishima 和 Honda 用 TiO_2 薄膜为电极，利用光能分解水的实验。1976 年，J H Carry 报道了 TiO_2 光催化氧化法用于污水中 PCB 化合物脱氯去毒的成功结果后，半导体 TiO_2 光催化技术被用于水处理领域的各个方面。纳米 TiO_2 以其性质稳定、无毒、催化活性高、价廉等特性而成为较理想的催化剂，它对难降解的有机物具有很好的降解作用，能处理多种有机和无机污染物，因此，具有广阔的应用前景。TiO_2 光催化反应机理：TiO_2 属于一种 n 型半导体材料，TiO_2 的禁带宽度为 3.2eV，当它受到波长小于或等于 387.5nm 的光线照射时，价带中的电子就会被激发到导带上，形成带负电的高活性电子 e^-，同时在价带上产生带正电的空穴 h^+（h^+ 的氧化电位以标准氢电位计为 3.0V，比起氯气的 1.36V 和臭氧的 2.07V，其氧化性要强得多）形成电子-空穴对的氧化-还原体系。在电场的作用下，电子与空穴发生分离，迁移到粒子表面的不同位置。分布在表面的空穴 h^+ 可以将吸附在 TiO_2 的 OH^- 和 H_2O 分子氧化成羟基自由基（$\cdot OH$，其标准电极电位为 2.80V）。$\cdot OH$ 的氧化能力是水体中存在的氧化剂中最强的，能氧化大多数的有机污染物及部分无机污染物，将其最终降解为 CO_2、H_2O 等无害物质。$\cdot OH$ 甚至能够氧化细菌体内的有机物生成 CO_2 和 H_2O。而另一方面 TiO_2 表面高活性的电子 e^- 则具有很强的还原能力，可以还原除去水体中的金属离子。

半导体纳米 TiO_2 光催化的基本原理可用如下反应式表示：

$$TiO_2 + h\nu \longrightarrow TiO_2 + e^- + h^+$$
$$h^+ + OH^- \longrightarrow \cdot OH$$
$$h^+ + H_2O \longrightarrow \cdot OH + H^+$$

$$e^- + O_2 \longrightarrow O_2^-$$
$$O_2^- + H^+ \longrightarrow HO_2 \cdot$$
$$2HO_2 \cdot \longrightarrow O_2 + H_2O_2$$
$$H_2O_2 + O_2^- \longrightarrow \cdot OH + OH^- + O_2$$
$$\cdot OH + 有机物 \longrightarrow 高活性中间体 \longrightarrow \cdots \longrightarrow CO_2 + H_2O + (HX^-)$$

进入 20 世纪 90 年代后，发表了很多关于 TiO_2 光催化剂可将环境中的有害物质分解成 CO_2、H_2O 等无害物质的研究报告和研究成果；1997 年 Goswami 列举了 300 种可被光催化处理的有机物。目前已有 1000 多家日本企业进行光催化的应用开发，欧美及我国很多学者也在进行这方面的研究开发，并取得了很好的，可实用化的研究成果。受技术、经济等多种因素的制约，目前太阳能的应用研究还处在发展阶段，但其市场潜力巨大。

太阳能技术将是新能源技术的重要组成部分。随着人们对可再生能源认识的提高以及太阳能市场的逐渐成熟，太阳能光电转换、光热转换以及太阳能光电、光热综合应用与建筑的结合，其应用前景将十分广阔。

参考文献

[1] 罗运俊，何梓年，王长贵．太阳能利用技术．北京：化学工业出版社，2005．

[2] 白金明．太阳能综合利用技术手册．北京：中国农业出版社，2008．

[3] 吴治坚．新能源和可再生能源的利用．北京：机械工业出版社，2006．

[4] 刘小军．新能源与可再生能源利用技术．北京：冶金工业出版社，2006．

[5] 鱼剑琳，王沣浩．建筑节能应用新技术．北京：化学工业出版社，2006．

[6] 匡廷云．光合作用原初光能转化过程的原理与调控．南京：江苏科学技术出版社，2003．

[7] 沈建忠．植物与植物生理．南京：江苏科学技术出版社，2006．

[8] 黄元森．光合作用机理的寻觅者．山东科学技术，2004．

[9] 坎贝尔，瑞斯，西蒙．生物学导论．第 2 版中文版．北京：高等教育出版社，2006．

[10] 匡廷云．作物光能利用效率与调控（精装）．济南：山东科学技术出版社，2004．

[11] T. Hayashi, T. Takimura, H. Ogoshi. Photoinduced singlet electron transfer in a complex formed from zinc myoglobin and methyl viologen: artificial recognition by a chemically modified porphyrin, J. Am. Chem. Soc. 1995，117：1606-1607.

[12] R. E. Blankenship. molecular mechanisms of photosynthesis: blackwell science: Oxford, 2002.

[13] K. N. Ferreira, T. M. Iverson, K. Maghlaoui, J. Barber, S. Wata, Architecture of the photosynthetic oxygen evolving center, Science, 2004，303：1831-1838.

[14] Grätzel M. Nature, 2001，414：338-344.

[15] 吴迪，沈珍，薛兆历，游效曾．卟啉类光敏剂在染料敏化太阳能电池中的应用．无机化学学报，2007，23：1-14.

第 11 章　光动力疗法

11.1　光动力疗法的历史

传统的癌症治疗是通过①外科手术切除局部肿瘤，②放射线疗法治疗早期肿瘤，③针对较严重或扩散性的癌症等则采用化学药物疗法。外科手术和放射疗法仅适用于早期发现的局部性癌症。当癌症晚期或癌细胞转移时，就只能依靠化学疗法。化学疗法的药物大多存在严重的细胞毒性，在杀伤癌细胞的同时，对正常组织和细胞也会造成不同程度的损伤，这意味着对治疗目标靶体的选择性差。光动力治疗是 20 世纪 70 年代末开始形成的一项肿瘤治疗新技术，由于它具有更好的选择性，目前在美、英、法、德、日等不少国家已经获得国家政府相关部门的正式批准，成为治疗肿瘤的一项常规手段，在癌症治疗中广泛使用。光动力治疗的英文全称是 photodynamic therapy，简称 PDT，Dougherty 等在 20 世纪 70 年代首次将PDT 应用于临床肿瘤治疗并获得成功，发展至今，PDT 不仅是癌症治疗的有效手段之一，还被广泛用于治疗老年性眼底斑状变性、鲜红斑痣、周围动脉症和冠状动脉疾病。

11.2　光动力治疗的工作原理

首先选择一种对靶细胞有选择性的光敏剂，通过注射等手段让其进入体内。当光敏剂在靶细胞与非靶细胞中的浓度比达到最大值时，用合适波长的光照射靶细胞组织。光敏剂吸收光以后，首先被激发到寿命很短的单重激发态，然后经跃迁到三重激发态，三重激发态相对单重激发态更稳定，寿命更长，因而光敏反应通常通过三重激发态进行。通过光敏反应，在分子氧的参与下，产生对靶细胞有害的单线态氧或者过氧化物羟基自由基，使靶细胞破坏直至死亡。原理如图 11-1 所示。所用的光敏剂对肿瘤组织的富集和光源对肿瘤组织的局部光照使 PDT 具有所谓的双重选择性，因而对正常组织和细胞表现出较小的毒副作用。

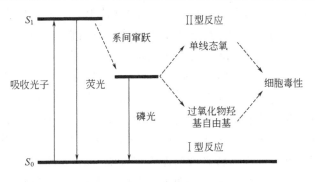

图 11-1　光动力治疗原理图

根据产生的高反应活性物种的种类，可以将光动力作用机制分为两种类型（图 11-1 和

图 11-2)。处于激发态的光敏剂分子与邻近的生物分子，通过电子转移或抽氢作用生成自由基或自由基离子，并通过自由基物种实现对肿瘤细胞的损伤，这一过程被称为Ⅰ型机制或自由基机制。处于激发态的光敏剂分子还可以将激发态能量转移给基态的氧分子，生成高反应活性的单重态氧（$^1O_2$），并通过单重态氧实现对肿瘤细胞的损伤，这一过程被称为Ⅱ型机制或单重态氧机制。

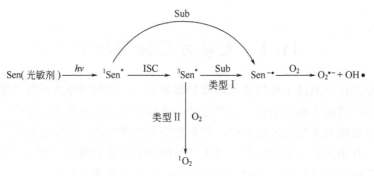

图 11-2　光动力治疗的Ⅰ型反应和Ⅱ型反应

11.3　光动力治疗的要素

PDT 是一冷光化学反应，其基本要素是氧、光敏剂和可见光（常用激光）光线在组织中的穿透深度，与其波长密切相关，适于光动力疗法的光波波长（被称为光疗窗口）介于 600nm 至 900nm 之间，这是人们寻找能在该波段激发的光敏剂的主要依据。

11.4　光　敏　剂

理想的光敏剂应具有以下特点：①具有确定的化学结构，易于制备和纯化；②光毒性强，暗毒性低；③在光疗窗口（600～900nm）有强吸收；④三重态量子产率高，且三重态能量高于 94kJ/mol；⑤能在肿瘤组织内富集；⑥正常组织代谢效率高；⑦易于进一步化学修饰。光敏试剂静脉注射后，组织内分布最高在肝，其后依次为脾、肾上腺、膀胱和肾以及皮肤。从体内排除主要途径是肠道，从尿排除量仅为 4%。在肿瘤、皮肤以及网状内皮系统包括肝、脾等器官内存留时间较长。体内半衰期 100h 以上。目前，血卟啉衍生物 Photofrin 已经在很多国家得到批准而被应用于临床光动力治疗。虽然它对肿瘤组织具有较好的选择性和杀伤效应，但成分复杂、皮肤光毒性强、长波波段吸收差等缺点严重限制了其临床应用。为此，人们不断地探索更为理想的光敏剂，包括卟啉类的化合物，如四苯基卟啉、二氢卟吩、内源性卟啉、金属酞菁等，以及非卟啉类化合物，如阳离子型光敏剂（罗丹明 123 和硫代碳花青等）部花青类化合物和醌类化合物（如竹红菌素等）。其中，竹红菌素及其衍生物由于良好的光动力性质，受到广泛关注，一些衍生物已在国内应用于临床研究。

照射光常采用可见红光。大多数光敏剂能强烈吸收 630nm 的光或长于 630nm 的光。激光是最方便和可携带性光源，它的相干性和单色性好，能产生高能量的单一波长的光波，输出功率可被精确控制，能直接通过纤维光缆引入器官和深入到肿瘤内。目前在光动力治疗过程中发挥重要作用。

11.5　光敏剂和蛋白质的相互作用

光动力药物在体内组织的吸收和分布状况，以及在细胞内各亚细胞器的分布状况，与光动力疗效关系密切。自由光敏剂接受光照后产生的自由基可以使靶细胞内几乎所有种类的蛋白质都被氧化。蛋白质中的半胱氨酸（Cys）、甲硫氨酸（Met）、组氨酸（His）、酪氨酸（Tyr）、色氨酸（Trp）对自由基非常敏感，它们的氧化常常会导致蛋白质丧失功能。核酸中的嘌呤比嘧啶更容易被自由基氧化，特别是鸟嘌呤，它是对自由基最敏感的碱基。单链或双链核酸中的鸟嘌呤受损后可以使核酸链断裂。膜结构中的脂质和其他有生物活性的分子也对自由基非常敏感。由于 PDT 中需要光敏剂和光的同时参与，故具有双重选择性，这种选择性的大小取决于光敏剂对靶细胞的选择性和光能的空间定位程度。这种治疗方法对于不宜接受手术治疗的局限性肿瘤患者有很高应用价值。

11.6　光敏剂在活体内的组织分布

尽管光敏剂本身在肿瘤细胞中的积累具有一定的选择性，但仍远远不够。Fischer 在 344 只大鼠上对神经胶质肉瘤细胞的研究表明，虽然光敏剂 Photofrin（Photofrin 是已获美国食品与药物局批准可应用于恶性肿瘤治疗的 PDT 药物，它是一种从牛血中提取并进行化学改性的卟啉低聚体混合物，Photofrin 是它的商品名，专用名为 porfimer sodium）在肿瘤细胞中的浓度要比周围正常组织高 13 倍，但是这些正常组织对光敏剂极其敏感，微弱的光照就可以引起细胞损伤。因此，为光敏剂设计一条合适的路径以使光敏剂在活体内可以进入靶细胞，并在靶细胞的合适部位富集是十分必要的。光敏剂在活体内的分布与其自身的理化性质，如亲水性/疏水性、带电基团的类型、数量、空间分布等有关。但在活体内实际发生的情况要复杂得多，因为当光敏剂进入血液后很多光敏剂会与血清白蛋白和脂蛋白结合。因此，光敏剂在活体内分布于何种组织更多取决于血液中运载光敏剂的蛋白，而不是光敏剂本身。所以可以考虑用脂质体等包裹光敏剂以改变光敏剂在活体内的组织分布。也正是由于这个原因，体外观察到的光敏剂的治疗效果并不等同于活体内的真实情况。

光动力疗法问世 20 余年来，以其独特的优点显示出很强的生命力。作为一种新型的治疗方法，光动力治疗具有以下特点：①对癌细胞及其他高度增生性细胞有高度选择性；②不影响其他治疗并有协同作用，可重复治疗；③毒副作用小，相对安全；④治疗时间短，起效快；⑤具有较好的美容效果。国内外已有很多学者在致力于这方面的研究。可以预见：随着新的光敏剂的出现，激光器的完善及 PDT 基础和临床研究的进一步深入，PDT 将成为一种很好的诊断和治疗手段，具有广阔的应用前景。

参考文献

[1]　邵红霞，刘蓉，吴琦，高瑞霄. 光敏剂在光动力疗法中的作用. 医学综述，2008，14：3404-3407.

[2]　刘岩岩，王雪松，张宝文. 竹红菌素类光动力药物. 化学进展，2008，20：1345-1352.

[3]　蒋丽金，何玉英. 竹红菌素类光敏剂的光物理、光化学及光生物. 2000，45：2019-2033.

[4]　Chopp M, Dereski M O, Madigan L, et al. Sensitivity of L-gliosarcomas to photodynamic thera-

py. Radiat Res, 1996, 146: 461-465.

[5] Harriman A. CRC Handbook of Organic Photochemistry. and Photobiology. (eds. Horspool W M, Song P S). 1995: 1374-1379.

[6] R R Anderson, J A Parrish. Selective photothermolysis: precise microsurgery by selective absorption of pulsed radiation. Science, 1983: 220: 524-527.

[7] Z. J. Diwu. Novel therapeutic and diagnostic applications of hypocrellins and hypericins, Photochem. Photobiol. 1995: 61: 529-539.

[8] Jiang, L. J. The structures, properties, photochemical reaction and reaction mechanisms of hypocrellin (I). Chin. Sci. Bull, 1990, 35: 1608-1616.

[9] Diwu, Z. J. and J. W. Lown. Hypocrellins and their uses in photosensitization. Photochem. Photobiol. 1990, 52: 609-616.

[10] New, R. R C. Liposomes: A Practical Approach. Oxford University Press, Oxford, 1990.

[11] Lenci, F. , N. Angelini, F. Ghetti, A. Sgaybossa, A. Vecli, C. Viappizni, P. Taroni, A. Pifferi, and R. Cubeddu. Spectroscopic and photoacoustic studies of hypericin embedded in liposomes as a photoreceptor model. Photochem. Photobiol. 1995, 62: 199-204.

[12] Weng, M. , M. H. Zhang, W. Q. Wang, and T. Shen. Investigation of triplet states and radical anions produced by laser photoexcitation of hypocrellins. J. Chem. Soc. , Faraday Trans. 1997, 93: 3491-3495.

[13] Cauzzo, G. , G. Gennari, G. Jori, and J. D. Spikes. The effect of chemical structure on the photosensitizing efficiencies of porphyrins. Photochem. Photobiol. 1997, 25: 389-395.

[14] Miller, G. G. , K. Brown, R. B. Moore, Z. J. Diwu, J. Liu, L. Huang, J. W. Lown, D. A. Begg, V. Chlumecky, J. Tulip, and M. S. Mcphee. Uptake kinetics and intracellular localization of hypocrellin photosensitizers for photodynamic therapy: a confocal microscopy study. Photochem. Photobiol. 1995, 61: 663-638.

第 12 章　发光材料简介

12.1　长余辉发光

长余辉发光是一种光致发光现象，是指在激发光停止照射后物质仍能够持续发光的现象。长余辉发光材料简称长余辉材料，又称夜光材料。它是一类吸收太阳或人工光源所产生的光发出可见光，而且在激发停止后仍可继续发光的物质。具有利用阳光或灯光储光，夜晚或在黑暗处发光的特点，是一种储能、节能的发光材料。长余辉材料不消耗电能，但能把吸收的自然光储存起来，在较暗的环境中呈现出明亮可辨的可见光，具有照明功能，可以起到指示照明的作用，是一种"绿色"光源材料。尤其是稀土激活的碱土铝酸盐长余辉材料的余辉时间可达 12h 以上，具有白昼蓄光、夜间发射的长期循环蓄光、发光的特点，有着广泛的应用前景。

12.2　长余辉材料的相关指标

对于长余辉发光材料，有两个重要指标：一个是初始亮度，也就是激发光源关闭时的亮度值；另一个是余辉时间，也就是发光在人眼可视的亮度范围内持续的时间。理论上 $0.32mcd/m^2$ 是人眼可视值的百倍，严格地说，这种情况很难实现，首先要求可视距离非常近，否则要求标志非常大；其次要求人在黑暗中待上足够长的时间才能适应周围环境，辨别出光亮。所以在消防安全领域实际应用中，各规范，标准组织把 $0.32mcd/m^2$ 作为最低发光值。另外，还严格限定了规定时间内的余辉亮度值，因为对于长时间显示，这一点尤为重要。由于余辉材料需要预先激发才能产生余辉，初始亮度和余辉时间强烈依赖于激发光源种类和强度，所以又规定了激发强度和激发时间的要求。不同的国家对发光亮度的要求给出了不同标准。

夜明珠可能是历史记载的最早的长余辉发光物体。据史籍记载，早在炎帝神农氏时代已经出现夜明珠。在古代，夜明珠是一种相当珍贵的宝石，如春秋战国时期的"垂棘之璧"夜明珠等已被视为"无价之宝"，其珍贵价值同"和氏璧"并驾齐驱。晋国曾以"垂棘之璧"夜明珠为诱饵"假道于虞以伐虢"。然而夜明珠真的价值连城吗？从化学本质上讲，夜明珠的主要成分是萤石，即二氟化钙，是一种非常常见的矿物，就算其中能发光的不多，其价值也无法与钻石、红宝石、蓝宝石、祖母绿翡翠等相比，只是在那个时代人们认识有限，民众把它奇幻化罢了。

尽管人类对发光材料的发现已经有很长的时间了，但是真正对长余辉材料的研究是从 140 多年前开始的。常用的传统长余辉材料主要是硫化锌和硫化钙荧光体。近年来稀土激活的铝酸盐和硫化物成为长余辉材料的主体，代表了长余辉研究开发的发展趋势。

12.3　稀土激活的硫化物长余辉材料

近 10 多年来，稀土离子的掺杂使硫化物长余辉材料的研究取得较大进步。这些硫化物长余辉材料以稀土离子（主要是 Eu^{2+}）作为激活剂，或添加 Dy^{3+}、Er^{3+} 等稀土离子或 Cu^+ 等非稀土离子作为辅助激活剂。目前报道的主要有：$ZnS:Eu^{2+}$、$CaBaS:Cu^+$、Eu^{2+}、$CaSrS:Eu^{2+}$、Dy^{3+} 等。它们的亮度和余辉时间为传统硫化物材料的几倍，但仍存在传统硫化物长余辉材料耐候性差、化学性质不稳定的缺点，而且与后来迅速发展起来的稀土激活的碱土铝酸盐相比，发光强度低，余辉时间短。不过稀土激活的硫化物体系的显著特点是发光颜色从蓝到红的多样性，是目前铝酸盐等长余辉材料所无法比拟的。

12.4　稀土激活的碱土铝酸盐长余辉材料

除了硫化物之外，稀土激活的碱土铝酸盐是近年来研究最多和应用最广的一类长余辉材料。早在 1946 年，Froelich 发现以铝酸盐为基质的发光材料 $SrAl_2O_4:Eu^{2+}$ 经过太阳光的照射后，可以发出波长为 $400\sim520nm$ 的可见光。1975 年 Bnahk 报道了 $MAl_2O_4:Eu^{2+}$（M＝Ca、Sr、Ba）的长余辉特性。这引起了人们极大的兴趣，对长余辉材料的研究进入了一个新的时代。经过 20 余年的工艺改进、发光机理的探讨，1997 年前后，Sugimoto 等以 Dy^{3+} 作为辅助激活剂，熔入 $SrAl_2O_4:Eu^{2+}$ 体系，制备了发黄绿光的 $SrAl_2O_4:Eu^{2+}$，Dy^{3+}，获得了特长余辉的发光，使稀土激活的碱土铝酸盐长余辉材料的研究又发生了一次巨大飞跃。由于其优越的性能，大大拓展了长余辉材料的应用范围，成为储能、节能材料研究的新亮点。目前，稀土激活的碱土铝酸盐长余辉材料是开发最成功的，并占据着新一代长余辉材料的主流地位。

12.5　稀土激活的硅酸盐长余辉材料

由于以硅酸盐为基质的发光材料具有良好的化学和热稳定性，而原料 SiO_2 价廉、易得，长期以来受人们重视，广泛应用于照明及显示领域，但这些材料都是短余辉的。1975 年日本首先开发出硅酸盐长余辉材料 $Zn_2SiO_4:Mn$，As，其余辉时间为 30min。针对铝酸盐体系长余辉材料的耐水性差，耐化学物质稳定性差，原料要求纯度高，成本较高，发光颜色单调的缺点，从 90 年代初我国开始自主研发硅酸盐体系的长余辉材料。已开发出数种耐水性强，余辉性能良好，发光颜色多样的硅酸盐体系的长余辉材料，其中 Eu、Dy 激活的焦硅酸盐蓝色发光材料性能优于 Eu、Nd 激活的铝酸盐蓝色材料。

12.6　硫氧化物系列长余辉材料

氧化物系列材料的发光颜色以红色为主，随稀土离子的掺杂和基质组成的改变，其发光颜色可逐渐过渡到橙红色、橙黄色，且均具有高亮度的长余辉。余辉时间最长可达到 $5\sim6h$，同时具有优良的耐热性、耐水性和抗辐射性等特点。随着硫氧化物体系红色长余辉发光的研究报道逐渐增多。基质材料从传统的 Y_2O_2S 拓展到（Y，Gd）$_2O_2S$，Gd_2O_2S 和

La_2O_2S 等，激活剂离子从最初的单一 Eu^{3+} 扩展到 Sm^{3+}，Tm^{3+} 以及与 Mg^{2+}，Ti^{4+}，Sr^{2+}，Ca^{2+} 和 Ba^{2+} 等离子共掺杂。

12.7　长余辉发光材料的发光机理

新型 Eu^{2+} 激活的碱土铝酸盐为代表的长余辉发光材料，从 90 年代至今一直是人们研究的热点，但发光机理并不完全清楚，主要存在两种解释：空穴转移模型认为长余辉发光实际上就是空穴的产生、转移和复合过程。针对空穴转移模型的缺陷，也有人提出位移坐标模型，认为长余辉现象可能是热释发光机理。但由于长余辉发光机理十分复杂，又缺乏直接的实验测量手段，哪种模型更可靠尚难于确定。上述所有模型只是一定程度上，帮助解释了一些实验现象。实际制备过程中，长余辉发光材料的性质与基质晶格、掺杂离子、共掺离子、制备条件等诸多因素有关。基质晶格的对称性、键性和激活离子的半径、电负性、外层电子云分布等也对材料的发光性能有着重要影响。掺杂离子是否进入晶格，以何种方式替代基质阳离子，是以电荷补偿的方式，还是以缺陷补偿的方式？造成的缺陷是否能成为陷阱以及陷阱的深浅等，目前还没有确切的定量关系，需进一步研究。

12.8　长余辉发光材料的应用举例

12.8.1　塑料工业中的应用

将稀土夜光粉加入到聚甲基丙烯酸甲酯（PMMA）透明塑料中，经过挤压、造粒、混炼、热压成型后制成稀土光致发光塑料，只需少量夜光粉的加入，就可使 PMMA 塑料具有较长的余辉时间。新型稀土夜光粉与塑料复合后制成的材料，其余辉的性质随塑料种类的不同而不同。目前已经开发成型的品种有丙烯酸树脂类、聚乙烯类、聚苯乙烯类、聚丙烯类、聚碳酸酯类、聚氨酯类、聚甲醛类等发光塑料，其用途也相当广泛。此工艺可以制作成各种发光招牌或发光贴膜等，已广泛应用于交通、消防、船舶、路标指示牌以及公共场所的警示牌等，也可以用作夜晚的装饰。

12.8.2　涂料工业中的应用

将新型稀土夜光粉与树脂、助剂以及溶剂等混合反应后，可以制成发光涂料或发光漆，如水性丙烯酸类发光涂料，聚氨酯夜光公路行车道漆，丙烯酸发光金属漆等。这些发光涂料可以用于安全标识、防伪、室内装潢、广告招牌、工艺美术等行业，还可以用于道路刻线，停车场和地铁的标识线，以及机床、机器设备、汽车、工具、建筑机械等的表面显示，用于消防标志尤其引人注目。

12.8.3　玻璃、陶瓷工业中的应用

在工业上，用各种方法制得的高性能发光玻璃，是一种节能的"绿色"材料，可以广泛应用于军事、民用领域。在器皿玻璃、艺术玻璃、建筑玻璃、灯具玻璃和橱窗广告，以及指示标志、玻璃仪表盘、隐蔽照明和应急照明中，都可以看到长余辉发光玻璃的身影。

12.8.4　纺织工业中的应用

长余辉发光材料在纺织工业中的应用，主要是用来生产一些需要有夜间指示作用的服饰，其中以制服最为常见。比如：消防服、各种不同的夜光背心。当然也会为了满足某些时尚人士的需要而生产一些普通的夜光服。

经历了上百年的发展，长余辉材料已自成体系，它以其自身独特的"魅力"在各个领域崭露头角，并且显现出广阔的应用发展前景。目前，针对这方面的研究十分活跃。但是，在其研究和应用中还存在着很多的问题有待解决。对长余辉材料发光的机制研究还不充分；基质材料和激活离子比较单一；发光颜色单调，以绿色为主，缺少蓝色，尤其缺少红色品种；如何用软化学合成的方法取代高温固相反应法也是亟待解决的问题；……有人预言长余辉材料有望应用于储能显示材料、太阳能光电转化材料、光电子信息材料等方面。相信通过控制材料的组成、结构，改进制备工艺，长余辉材料一定会在更多的高新技术领域获得更广泛的应用。

12.9　高分子发光材料

高分子发光材料被广泛应用在通信、卫星、光学计算机、生物等高科技领域，与无机发光材料相比，高分子发光材料具有更高的发光效率、更宽的发光波长等优越性，因此关于高分子发光材料的研究愈来愈引起人们的兴趣。

（1）光致高分子发光材料

光致高分子发光材料是将荧光物质（芳香稠环、电荷转移络合物或金属）引入高分子骨架的功能高分子材料。

（2）发光机理

高分子在受到可见光、紫外光、X射线等照射后吸收光能，高分子电子壳层内的电子向较高能级跃迁并和电子基体完全脱离，形成空穴和电子，空穴可能沿高分子移动，并被束缚在各个发光中心上，辐射是由于电子返回较低能量级或电子和空穴再结合所致。高分子把吸收的大部分能量以辐射的形式耗散，从而可以产生发光现象。

12.10　高分子发光材料的分类

高分子发光材料按照引入荧光物质可以分为三类。

12.10.1　芘的衍生物

高分子骨架上连接了芳香稠环结构的荧光材料，因稠环芳烃具有较大的共轭体系和平面刚性结构，从而具有较高的荧光量子效率。其中广泛应用的是芘的衍生物（图12-1）。

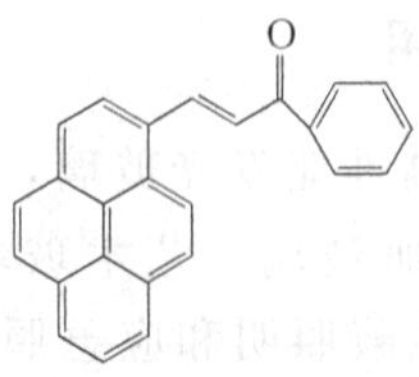

图 12-1　芘的衍生物

12.10.2　香豆素衍生物

在香豆素母体上引入氨基类取代基可调节荧光的颜色（图12-2），它们可发射出蓝绿到红色的荧光，已用作有机电致发光材料。但是，香豆素类衍生物往往只在溶液中有高的量子效率，而在固态容易发生荧光猝灭，故常以混合掺杂形式使用。

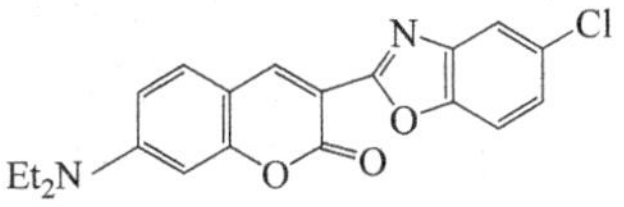

图 12-2　香豆素衍生物

12.10.3　吡唑啉衍生物

图12-3是吡唑啉衍生物，它们均可在吸收光后分子受激发，进而引起分子内的电荷转移而发射出不同颜色的荧光，均有较高的荧光效率。

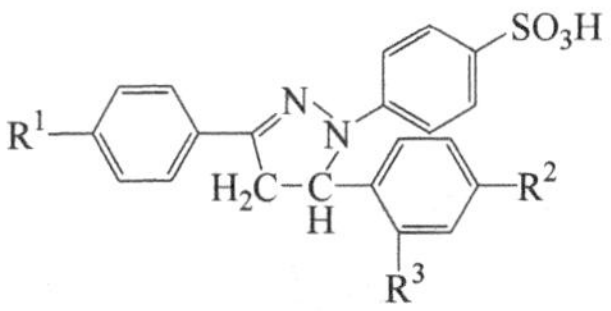

图 12-3　吡唑啉衍生物

12.11　电致发光高分子材料

电致发光高分子材料是指电流通过材料时，能导致发光现象的一类功能材料。发光原理与光致发光的电子跃迁机理不同，电致发光是通过正负电极向发光层的最高占有轨道（HOMO）和最低空轨道（LUMO）分别注入空穴和电子，这些在电极附近生成的空间电荷相对迁移，在发光层内电子和空穴相遇复合形成激子，激子经过辐射衰变而发射可见光，或者激发活性层中其他发射体分子而发光。

芴类电致发光材料包括聚芴，芴类衍生物。

芴与2,7-二炔芴通过钯催化下的反应，可得到芴与炔交替的发光材料，见图12-4。该材料具有强的蓝色荧光且可溶，最终制备的发光二极管最大发光波长在402nm，光致发光效率为64%，并且可以通过改变材料的共轭长度来调节材料的最大发光波长。

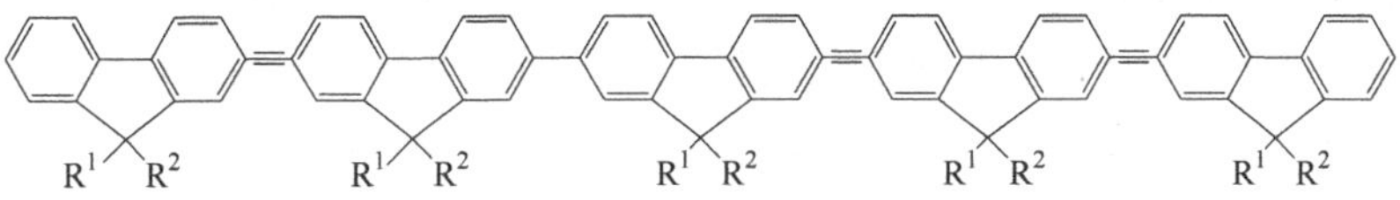

图 12-4　聚芴

有机发光材料涉及化学、物理、电子学等众多学科研究领域，由于具有多色性及更宽的材料选择范围而发展迅速，也使材料与器件的联系更加密切。在应用方面，高分子聚合物虽然没有传统的小分子荧光材料应用广泛，但这一领域中新的发展已表明其潜在的应用价值及市场竞争力。高分子发光材料不仅丰富了发光材料的内容，而且也给我们带来了一些独特的发光性能。

12.12　上转换发光材料

大多数稀土发光材料是利用稀土离子吸收高能量的短波辐射，发出低能量长波辐射的 Stokes 效应。但稀土离子有另一发光特性，就是利用稀土离子自身的能级特性，吸收多个低能量的长波辐射，经多光子加和后发射出高能量的短波辐射，称反 Stokes 效应，这种材料称反 Stokes 材料。这一类材料可以将红外光转变为可见光，因此又称为红外上转换发光材料。随着上转换发光材料在激光技术、光纤通信技术、纤维放大器、光信息存储和显示等领域的应用，使得上转换发光的研究取得了很大的进展。20 世纪 60 年代因夜视等军用目的需求，上转换研究得到了进一步发展。1968 年研制出第一个有实用价值的上转换材料 LaF_3：Yb：Er，一段时间内曾成为相关工作的研究热点。90 年代以来，BaY_2F_8、ZBLAN 和 $YLiF_4$ 等激光新材料的迅猛发展，尤其是近年来红外半导体二极管激光器的出现，使上转换材料在防伪、激光器和显示等方面均有了更广泛的应用。

12.12.1　上转换发光的机制

稀土离子的上转换发光是基于稀土元素 4f 电子间的跃迁产生的。大体上可将上转换过程归结为三种形式：激发态吸收（ESA），能量转移（ET）和光子雪崩（PA）。

12.12.2　激发态吸收

激发态吸收过程是由 Bloembergen 等于 1959 年提出的，其原理是同一个离子从基态能级通过连续的多光子吸收，到达能量较高的激发态能级的过程，是一种最为常见的上转换发光过程。发光中心处于基态能级 E_1 上的离子，吸收 1 个能量为 φ_1 的光子跃迁至中间亚稳态 E_2 能级。如果光子的振动能量正好与 E_2 能级和更高激发态能级 E_3 的能量间隔匹配，则 E_2 能级上的该离子通过吸收该光子能量而跃迁至 E_3 能级形成双光子吸收。如果满足能量匹配的要求，E_3 能级上的该离子还有可能向更高的激发态能级跃迁而形成三光子、四光子吸收，依此类推（见图 12-5）。

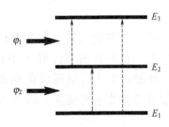
图 12-5　激发态吸收过程

12.12.3　能量转移

两个能量相近的离子通过非辐射耦合，以交叉弛豫方式进行能量传递，一个返回到基态，另一个跃迁到更高的能级。根据能量转移方式不同又可分为三类，连续能量转移（successive energy transfer，SET），交叉弛豫（cross relaxation，CR），合作上转换（cooperative upconversion，CU）。

12.12.4　光子雪崩

光子雪崩引起的上转换发光，是 1979 年 Chivian 等研究 Pr^{3+} 在 $LaCl_3$ 晶体中的上转换发光时首次提出的。光子雪崩是激发态吸收和能量转移相结合的过程。这种过程的特点是离子没有对泵浦光的基态吸收，但有激发态的吸收以及离子间的交叉弛豫，造成中间长寿命的亚稳态分布数增加，产生有效的上转换。上转换激发过程包含三步能量传递（图 12-6）：第一步，能量供体（通常是 Yb^{3+}）把能量传递给受体使之跃迁到 E_2；第二步，E_2 能级上的 1 个离子吸收该能量后被激发到 E_3 能级；第三步，E_3 能级与 E_1 能级发生交叉弛豫过程，离子都被积累到 E_2 能级上，使得 E_2 能级上的粒子数像雪崩一样增加，因此称为"光子雪崩"过程。

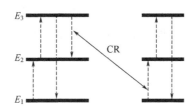

图 12-6　光子雪崩过程

12.12.5　上转换发光材料种类

上转换材料主要有含氟化合物，含氧化合物，含硫化合物和卤化物材料体系，其中以氟化物上转换材料研究最多。近年来，人们在上转换材料的研制过程中，把主要精力都集中在单晶或玻璃制品构成的体材上。

12.12.6　上转换的发光效率

上转换发光效率由发射的光子数与吸收的光子数之比来确定。在上转换材料的研究过程中，重要的一点就是要考虑到它的发光效率，影响上转换发光效率的因素很多，主要有以下几点。

12.12.7　基质特性

基质材料是影响发光特性的一个重要因素，而基质的选择主要取决于声子能量的选择。声子能量主要与稀土离子间的能量传递和多声子弛豫有关，也与基质的晶格和晶格中阴离子的电荷和直径大小有关。

12.12.8　稀土离子浓度

在基质材料相同的情况下，稀土的不同掺杂浓度发光效率是不同的。

12.12.9　发光中心的能级结构

发光中心较高能级与相邻下一能级能量差的大小影响着较高能级电子的跃迁发射概率，能量差较大时无辐射跃迁概率相对小，辐射跃迁发光概率则大，上转换效率高；能量差较小时，上转换效率低。此外还与温度，泵浦途径有关。

12.13　上转换材料研究现状和存在问题及展望

由于稀土离子激发光谱中 f-f 跃迁为禁阻跃迁，强度较弱，不利于吸收激发光能，这已经成为稀土离子发光效率低的原因之一。如果能够对稀土离子的电荷迁移带做充分研究，利用它对激发光能量的宽带吸收和对稀土激活离子的能量传递，有可能成为提高发光效率的有效途径之一。稀土是一个巨大的光学材料宝库，如果能够寻求更多的掺杂稀土离子用于上转换材料中，应该能够发掘出更多的光学材料。近年来，科学工作者对上转换技术在防伪、生物检测等方面的应用进行了大量的探索研究，但若想使其付诸实际应用，必须要求材料有很好的发光效率。目前上转换材料研究集中在稀土化合物，主要是用于无机材料方面，有关有机材料方面的研究还很少。如果能够致力于有机配合物研究方面，对上转换材料研究将会有更大的促进。寻求新的发光机制，提高发光效率，选择更合适的基质材料仍然是今后工作中的难点和重点。

参考文献

[1]　刘应亮，雷炳富，邝金勇等. 长余辉发光材料研究进展. 无机化学学报，2009，（08）：1323-1329.

[2]　石明山，于柏林. 世界第一块能"记忆"的玻璃. 今日科苑，2009，（09）：65.

[3]　昝昕武，冯斌，符欲梅等. 长余辉发光材料在传感方面的应用. 传感器与微系统，2009，（05）：10-14.

[4]　杨艳丽，石开，常玉花. ZnO 荧光薄膜的发光机理研究. 科技信息，2009，（24）：84-86.

[5]　蔡进军，王忆，潘欢欢等. 硅酸盐体系长余辉发光材料的合成研究. 化工技术与开发，2009，（08）：13-18.

[6]　杜海燕，杨志萍，孙家跃. 上转换发光材料及发光效率研究及展望. 化工新型材料 2009（37）：5-7.

[7]　李成宇，苏锵，邱建荣. 发光学报，2003，24：19-27.

[8]　何捍卫，周科朝等. 红外可见光的上转换材料研究进展. 中国稀土学报，2003，21：123-128.

[9]　孙家跃，杜海燕. 固体发光材料. 北京，化学工业出版社，2004.

[10]　杨建虎，戴世勋，姜中红. 稀土离子的上转换发光及研究进展. 物理学进展，2003，23（3）：285-298.

[11]　Xie P，Gosnell T R. Room temperature upconversion fiber laser tunable in the red，orange，green，and blue spectral regions. Opt Lett，1995，20（9）：1014-1016.

[12]　Chivian J S，Case W E，Eden D D. The photon avalanche：A new phenomenon in Pr^{3+} based infrared quantum counters. Appl. phys. Lett，1979，35（2）：124-125.

[13]　Amitava Patra，Christopher S Friend，Rakesh Kapoor，et al. Effect of crystal nature on upconversion luminescence in Er^{3+} ZrO_2 nanocrystals. Appled Physics Letters，2003，83（2）：258-264.

[14]　赵谡玲，徐征，侯延冰等. 两种基质中 Er^{3+} 的上转换发光特性，中国稀土学报，2001，19（6）：518-521.

[15]　袁放成. 稀土 Er 掺杂 ZnF_2：PbF_4 的能量上转换. 光谱学与光谱分析，2005，25（8）：1187-1189.

[16]　赵谡玲，侯延冰，董金凤. 稀土离子上转换发光的研究. 半导体光电，2000，21（4）：241-244.